AUSTRILIA SENIOR SCHOOL MATHEMATICAL COMPETITION QUESTIONS AND ANSWERS, PRIMARY VOLUME, 1992–1998

澳大利亚中学

数学竞赛试题及解答

初级卷 1992–1998

● 刘培杰数学工作室 编

内 容 简 介

本书收录了1992年至1998年澳大利亚中学数学竞赛初级卷的全部试题,并给出了每道题的详细解答,其中一些题目给出了多种解答方法,以便读者加深对问题的理解并拓宽思路.

本书适合中小学生及数学爱好者参考阅读.

图书在版编目(CIP)数据

澳大利亚中学数学竞赛试题及解答. 初级卷. 1992－1998/刘培杰数学工作室编. — 哈尔滨:哈尔滨工业大学出版社,2019. 3

ISBN 978－7－5603－7863－3

Ⅰ. ①澳… Ⅱ. ①刘… Ⅲ. ①中学数学课－题解 Ⅳ. ①G634. 605

中国版本图书馆CIP数据核字(2018)第302927号

策划编辑　刘培杰　张永芹
责任编辑　张永芹　邵长玲
封面设计　孙茵艾
出版发行　哈尔滨工业大学出版社
社　　址　哈尔滨市南岗区复华四道街10号　邮编150006
传　　真　0451－86414749
网　　址　http://hitpress. hit. edu. cn
印　　刷　哈尔滨市石桥印务有限公司
开　　本　787mm×960mm　1/16　印张8. 5　字数88千字
版　　次　2019年3月第1版　2019年3月第1次印刷
书　　号　ISBN 978－7－5603－7863－3
定　　价　28. 00元

◎目录

第 1 章　1992 年试题

1. 0.4×10 等于(　　).

A. 0.04　　B. 0.4　　C. 4

D. 40　　E. 400

解　$0.4\times10=4$.　　　　(C)

2. 图 1 中表示的度量结果是(　　).

A. 18.4　　B. 18.6　　C. 18.7

D. 19.4　　E. 19.6

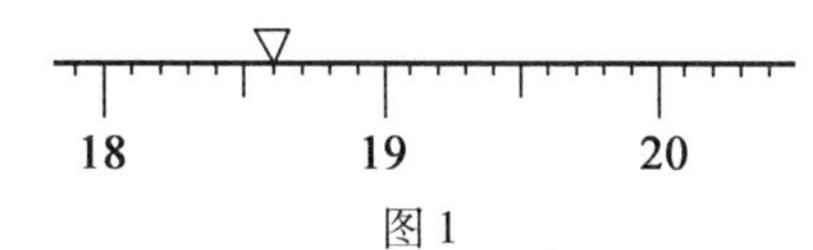

图 1

解　读数是 18.6.　　　　(B)

3. $\frac{1}{3}\times\frac{1}{3}$ 等于(　　).

A. $\frac{1}{9}$　　B. $\frac{1}{3}$　　C. $\frac{2}{3}$

D. $\frac{1}{6}$　　E. 1

解　$\frac{1}{3}\times\frac{1}{3}=\frac{1}{9}$.　　　　(A)

4. $1+(11\times111)-1\ 111$ 等于(　　).

A. 111　　B. 1 221　　C. 2 333

D. 11 001　　E. 11

解 $1+(11\times111)-1\ 111=1+1\ 221-1\ 111=1\ 222-1\ 111=111$. (A)

5. 从星期一下午7时到同一星期的星期三上午4时共有多少小时?( ).

A. 15 h　　B. 33 h　　C. 29 h

D. 35 h　　E. 45 h

解 星期一还余5 h,星期二24 h,星期三已过4 h,总共有$5+24+4=33$(h). (B)

6. 如图2,$PQ=QR=RS=SP$,则x等于( ).

A. 130　　B. 60　　C. 45

D. 30　　E. 50

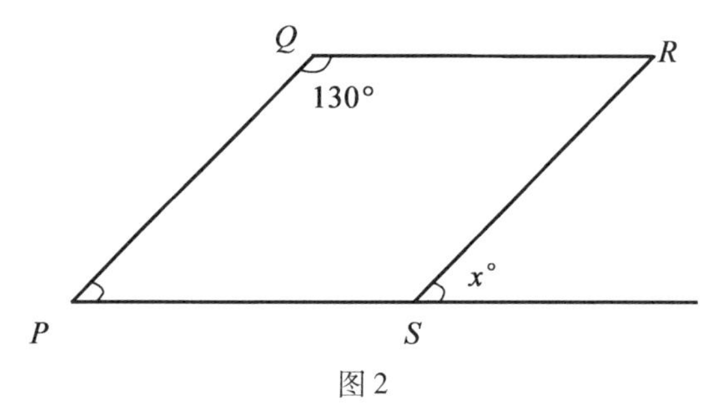

图2

解 根据对称性,$\angle PSR=130°$,因此$x°=180°-130°=50°$. (E)

7. 彼得(Peter)进入了一座高楼的电梯,上升3层,下降5层,又上升7层,下降9层,这时他位于第23层,试问他是在第几层进入电梯的?( ).

A. 1层　　B. 23层　　C. 19层

D. 27层　　E. 25层

解　假设彼得在第 x 层进入电梯,则 $x+3-5+7-9=23$,即 $x-4=23$,于是 $x=27$.　(　D　)

8. 在一个边长为2 cm的正方形的两侧分别拼接上一个边长为2 cm的正三角形,如图3所示,所得图形的周长是(　　).

A. 10 cm　　B. 8 cm　　C. 12 cm

D. 6 cm　　E. 14 cm

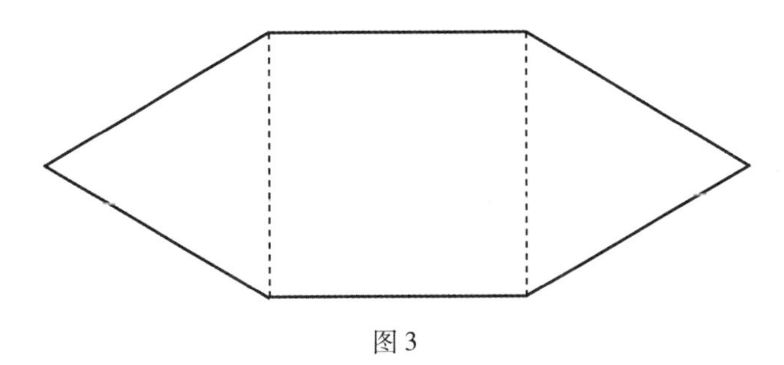

图3

解　所得图形的周长由正方形的两个边以及正三角形的四个边组成,这些边的长度均为2 cm,故所求周长为 $2\times6=12$ (cm).　(　C　)

9. 一个数除以6,从结果中减去3,得到4. 原数是(　　).

A. 60　　B. 27　　C. 45

D. 54　　E. 42

解　设这个数是 x,则 $x/6-3=4$,即 $\frac{x}{6}=7$,即 $x=42$.　(　E　)

10. 在一个家庭里每个孩子至少有一个兄弟和一个姐妹,这个家庭最少有几个孩子?(　　).

A. 2 个　　B. 3 个　　C. 4 个

D. 5 个　　E. 6 个

解　必须至少有两个女孩,使得这个家庭中的每个女孩都有一个姐妹．同样,必须至少有两个男孩．因此,这个家庭至少有四个孩子．　　(C)

11. 一个电话号码簿有300页,每页有4列,如果每列有85个电话号码,那么总共大约登记了多少个电话号码?(　　).

A. 60 000 个　　B. 100 000 个　　C. 140 000 个

D. 180 000 个　　E. 220 000 个

解　电话号码的总数是$300 \times 4 \times 85 = 102\ 000$,即近似于100 000个.　　(B)

12. 把一个3×8的矩形分割成两部分,如图4所示,把这两部分拼成一个直角三角形,所得三角形的一个边长是(　　).

A. 9　　B. 6　　C. 4

D. 7　　E. 5

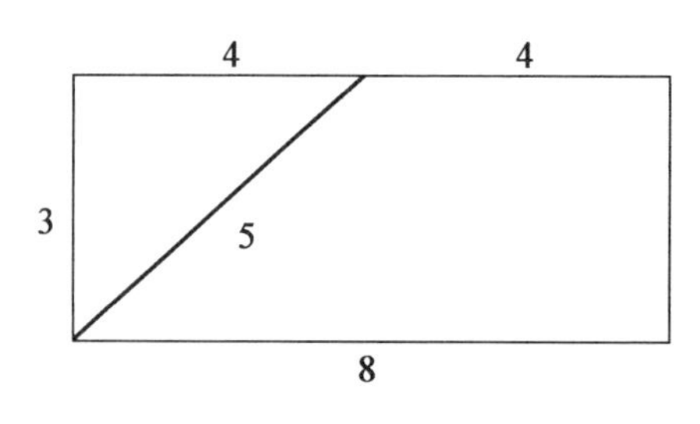

图4

解　把这个3－4－5的三角形绕长度为4和5的

两边的交点旋转180°,则得到所要求的三角形,三边长分别为6,8和10. 备选答案中唯一符合的一个边长是6. （ B ）

13. 如果 n 是整数,那么下列各数中哪一个必定是奇整数?(　　).

A. $5n$　　B. n^2+5　　C. n^3

D. $n+16$　　E. $2n^2+5$

解　$2n^2+5$ 是一个偶数加一个奇数,所以必定是奇数,当 n 是奇数时 n^2+5 是偶数. 当 n 是偶数时 $5n$, n^3 和 $n+16$ 都是偶数. （ E ）

14. 矩形 $PQRS$ 外切于两个相切的圆,两个圆的半径均为 2 cm, 如图 5 所示, 长方形 $PQRS$ 的面积是(　　).

A. 8 cm^2　　B. 32 cm^2　　C. 16 cm^2

D. 12 cm^2　　E. 24 cm^2

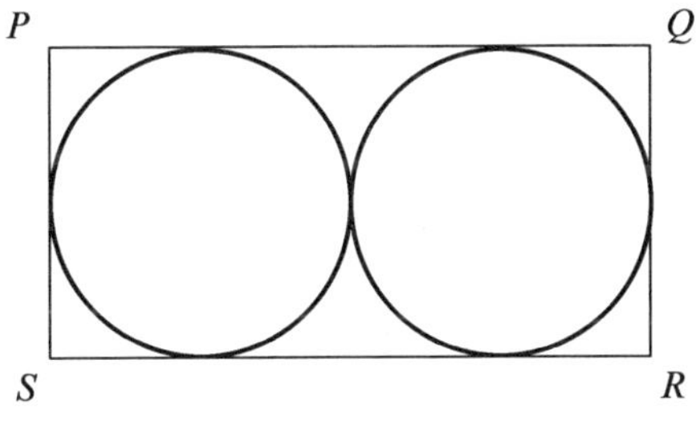

图5

解　因为两个圆的半径都是 2 cm, 所以矩形 $PQRS$ 的面积是 $8\times4=32(cm^2)$,因此这个矩形的面积是 32 cm^2. （ B ）

15. 将 27 写成两个质数之和的方式有多少种?(　　).

A. 0 种　　B. 1 种　　C. 2 种

D. 3 种　　E. 4 种

解　因为 27 是奇数,所以当把它写成两个正整数之和时,其中一个必定是偶数,又因为 2 是唯一的偶质数,所以把 27 写成两个质数之和的唯一可能是 $2+25$. 但是 25 不是质数.　(　A　)

16. 把 1,2,3 和 5 这四个数字排列起来可以得到 24 个不同的四位数,在这些数中有多少个偶数?(　　).

A. 1 个　　B. 2 个　　C. 6 个

D. 12 个　　E. 18 个

解法 1　如果排成的数是偶数,它的末位数字必定是2. 于是前三个数有 $3\times2\times1=6$ 种不同的排列方式.

解法 2　给定的数字的$\frac{1}{4}$是偶数,根据对称性可知,在排列得到的 24 个数中有$\frac{1}{4}$是偶数.　(　C　)

17. 如图 6,一种游戏的目标是把方格盘 P 上的式样变成方格盘 Q 上的式样,走一"步"定义为改变一行或改变一列,把其中原来的每个 * 都变成空格,而把原来的每个空格都变成 *. 为了把 P 变成 Q 最少需要走几"步"?(　　)

A. 1 步　　B. 2 步　　C. 3 步

D. 4 步　　E. 5 步

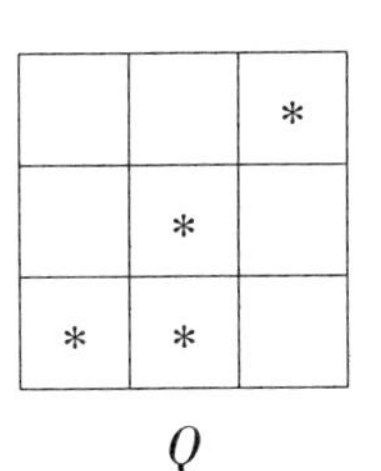

P　　　　Q

图6

解　把方格盘P变成方格盘Q最少需要两步,第一步改变第一行,第二步改变第三行(反之亦然).

(　B　)

18. 罐装蜂蜜每罐净重115 g,把它们装在一个纸箱中,一共8层,每层84罐,这个纸箱中的蜂蜜净重最接近于(　　).

A. 50 kg　　B. 80 kg　　C. 800 kg

D. 880 kg　　E. 8 000 kg

解　罐数是8×84,因此净重为$0.115\times8\times84$,即$0.92\times84=77.28$(kg).

(　B　)

19. 当用8股羊毛线进行编织时,用我的毛线针编织每10 cm宽的精细编织物需要织22针,为了编织我的外衣的44 cm宽的领结,需要织多少针?(　　).

A. 44针　　B. 66针　　C. 88针

D. 97针　　E. 110针

解　我需要织的针数是$22\times44/10=96.8\approx97$(针).

(　D　)

20. 如果把图7所示的图形折成一个立方体,那么它的每个顶点都是三个面的交点. 把相交于任何顶点的三个面上的数相乘．对于这个立方体的各顶点来说，能够得到的最大乘积是多少?(　　).

A. 40　　　B. 60　　　C. 72

D. 90　　　E. 120

	1		
4	2	5	6
	3		

图 7

解　最大乘积是由相交于一个顶点的三个面上的数字 3,5 和 6 得到的．　　　　(　D　)

21. 在一场篮球比赛中，其中一个队在场上总是保持五名队员，在场外还有三名候补队员(场上队员随时可以替换)．在整场比赛中这八个队员每人上场的时间相同．如果这场比赛持续的时间为 48 min，那么每个队员上场的时间是多少分钟?(　　).

A. 6 min　　　B. 30 min　　　C. 24 min

D. 32 min　　　E. 36 min

解　场上五个队员比赛的总时间是 $48\times5=240(\text{min})$，由八名队员均分，每人上场 $\frac{240}{8}=30\ (\text{min})$.

(　B　)

22. 把 8 张不同的扑克牌交替地分发成左右两叠：左一张，右一张，左一张，右一张 …… 然后把左边一叠放在右边一叠的上面，重复进行这个过程(不要把牌翻过来)．这样至少需要进行几次，才能使扑克牌恢复

到最初的次序?(　　).

A. 6 次　　B. 2 次　　C. 3 次

D. 8 次　　E. 1 次

解　假设最初这8张扑克牌的编号依次为:1,2,3,4,5,6,7和8. 第一次分发后,它们的次序成为1,3,5,7,2,4,6,8. 第二次分发后,它们的次序成为1,5,2,6,3,7,4,8. 第三次分发后,它们恢复到最初的次序.（　C　）

23. 每只雄蜜蜂只有一个雌性单亲,每只雌蜜蜂有一对双亲,即一个雄性单亲和一个雌性单亲,试问一只雄蜜蜂有多少前10代祖先?(　　).

A. 144 个　　B. 10 个　　C. 89 个

D. 512 个　　E. 233 个

解　每只雄蜜蜂有1个雌性单亲,每只雌蜜蜂有1个雄性单亲和1个雌性单亲. 一只雄蜜蜂前1代有1个雌性单亲,前2代有1个雄性单亲和1个雌性单亲(共2个),前3代有1个雄性单亲和2个雌性单亲(共3个),前4代有2个雄性单亲和3个雌性单亲(共5个). 我们可以看出, 这里产生了一系列斐波那契(Fibonacci)数. 事实上,如果F_n是前n代雌性祖先的个数,M_n是相应的雄性祖先的个数,则我们有$M_{n+1} = F_n, F_{n+1} = M_n + F_n$,于是$F_{n+1} = F_{n-1} + f_n$,因此我们的确得到了一系列斐波那契数,其中前10个是1,1,2,3,5,8,13,21,34和55. 第11个数,即前10代祖先的个数是$34 + 55 = 89$.　　（　C　）

24. 在一次跳远资格选拔赛中,当选者平均跳的距离是6.5 m,落选者平均跳的距离是4.5 m,而所有参赛者平均的距离是 4.9 m,当选者所占的百分比是( ).

A. 4% B. 16% C. 20%

D. 25% E. 55%

解 设当选者的人数是 x,落选者的人数是 y,则 $6.5x+4.5y=4.9(x+y)$,即 $65x+45y=49x+49y$,即 $16x=4y$,即 $4x=y$. 因此,当选者的人数是总人数的 $\frac{1}{5}\times 10\%=20\%$. (C)

25. 四位歌手轮唱一首含有四个相等乐段的歌曲,每人把这首歌曲连唱三遍就结束,第一位歌手开始唱第二个乐段时第二位歌手开始唱,第一位歌手开始唱第三个乐段时第三位歌手开始唱,第一位歌手开始唱第四个乐段时第四位歌手开始唱,试问四个人同时唱的时间占总的歌唱时间的几分之几?( ).

A. $\frac{3}{4}$ B. $\frac{3}{5}$ C. $\frac{2}{3}$

D. $\frac{5}{6}$ E. $\frac{8}{15}$

解 满足条件的时间是唱 15 个乐段所花费的时间,因为当第一位歌手唱完时,第四位歌手还要继续唱最后三个乐段,当第一位歌手在唱第一遍的最后一个乐段时以及在唱第二遍和第三遍时,四位歌手都同时在唱,因此四位歌手同时歌唱的时间是 9 个乐段的时间,答案是 $\frac{9}{15}=\frac{3}{5}$. (B)

注 图 8 说明四位歌手轮唱时起止的情况.

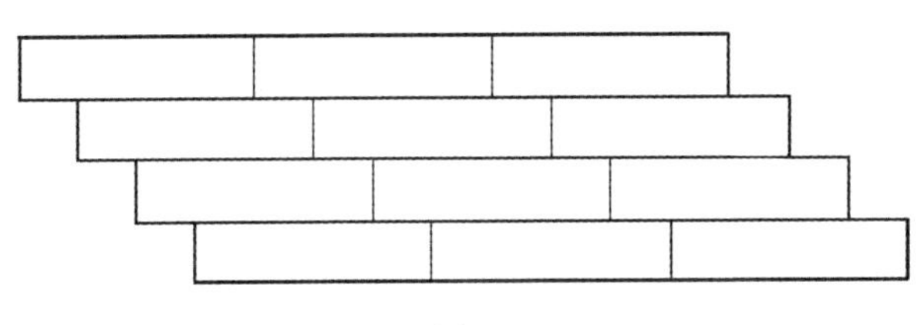

图8

26. 堪培拉(Canberra)的电话号码长度均为7位数字,并且都以数字2起首(例如,2522440).试问有多少个电话号码是回文的(即从前向后读和从后向前读是相同的)?(　　).

A. 100个　　B. 1 000个　　C. 6 561个

D. 10 000个　　E. 100 000个

解　回文电话号码都具有形式$2ABCBA2$,其中A,B,C都有10种选择方式,即总共有$10\times10\times10=1\ 000$种选择方式.　　(　B　)

27. 在一个乘法幻方中,每一行数之积,每一列数之积、对角线上的数之积都相等,如果在图9的空格中填上正整数,构成一个乘法幻方,那么X的值是(　　).

A. 2　　B. 4　　C. 5

D. 16　　E. 25

5		X
4		
	1	

图9

解 因为第一行数之积与第二列数之积必须相等,而第一列中间空格中填写的数是这两个乘积的公因数,所以这个幻方中间,空格中填写的数必定等于$5X$. 然后,把第一列数之积与从左下到右上的对角线上的数之积进行对比,注意到左下角空格中填写的数是这两个乘积的公因数,可知$4 \cdot 5 = X \cdot (5X)$,即$5X^2 = 20$,即$X = 2$,因为X必须是正数. (A)

注 由给定的数据可以证明幻方中所填的数是唯一的,每一行数之积、每一列数之积、对角线上的数之积都等于1 000.

28. 十分奇怪,我们家的七个成年人的生日非常接近,七个日期是:1月1日、1月31日、2月2日、2月20日、2月21日、2月23日和2月27日,为了方便起见,我们决定只举行一次生日宴会,选择的日期与每个生日的距离之和应当最小,选择的日期是( ).

A. 1月31日　　B. 2月1日　　C. 2月9日

D. 2月11日　　E. 2月20日

解 本题中有7个生日,分别记为A,B,C,D,E,F和G(按它们先后出现的次序). 假设把宴会日期定在A与B(1月1日与1月31日)之间的某一天,然后把宴会日期不断向后推延. 这时,生日A与宴会日期越来越远,而其他6个生日与宴会日期越来越近,生日A远多少天,其他每个生日则近多少天,当宴会日期推迟到生日B以后时,两个生日A和B与之越来越远,其他5个生日与之越来越近,这样继续下去,在宴会日期推迟到生日D(中间一个生日)以前,宴会日期与每个生日的距

离之和在逐渐减小,而在推延到生日 D 以后,此距离之和则逐渐增大,显然,只有当宴会日期取为中间一个生日 D(2月20日)时,此距离之和为最小.　　(E)

推广　正如从上述讨论所看到的,各生日之间的间隔并无影响;如果有奇数个生日,那么中间的生日总是满足条件的日期.如果有偶数个生日,那么经过类似的讨论可知,中间两个生日中的任何一个,或它们之间的任何一天,都满足条件.这个问题是“仓库”问题的一个特例,在仓库问题中所考虑的是仓库设置的位置应当使它与各交货点的距离之和为最小.这一问题也可推广到二维和三维的情况.

29. 把一个立方体的各面涂成黑色或白色.两种涂色方式被认为是不同的,如果这个立方体不论怎样放置都不会产生混淆,试问对这个立方体有多少种不同的涂色方式?(　　).

A. 5种　　B. 7种　　C. 8种

D. 10种　　E. 64种

解　6个面都涂成白色,有1种方式,5个面涂成白色,1个面涂成黑色,有1种方式,4个面涂成白色,2个面涂成黑色,即相对的2面,或者相邻的2面,涂成黑色,有2种方式,3个面涂成白色,3个面涂成黑色,即相对的2面及与这2面相邻的一面,或者相交于同一顶点的3面,涂成黑色,有2种方式,由对称性可知,4个面涂成黑色,2个面涂成白色,5个面涂成黑色,1个面涂成白色和6个面都涂成黑色的情况,分别有2种、1种和1种方式.因此,总共有

$$1+1+2+2+2+1+1=10$$

种涂色方式. (D)

30. 一个城市铁道系统只卖从一站出发到达另一站的单程车票,每一张票都说明起点站和终点站,现在增设了几个新站,因而必须再印 76 种不同的票,试问增设了几个新站?(　　).

A. 4 个　　B. 2 个　　C. 19 个

D. 8 个　　E. 38 个

解　设增设的新站数为 n,老站数为 m,只在新站之间使用的票的种数为 $n(n-1)$,在新站和老站之间使用的票的种数为 $2mn$. 因此

$$2nm+n(n-1)=76$$

因为增设"几个"新站,所以我们假设 $n\geqslant 2$,当 $n=2$ 时,对于 $m=1,2,3,\cdots$,等式左边得到数值 6,10,14,…,其中不包含 76. 当 $n=3$ 时,得到数值 12,18,24,…,其中包含 72 和 78,但是不包含 76. 当 $n=4$ 时,对于 $m=8$,便得到 76. 当 $n=5$ 时,我们得到 30,40,50,…,对于 $n=6$,我们得到 42,54,66,78,…,对于 $n=7$,我们得到 56,70,84,…,对于 $n=8$ 我们得到 72,88,…,对于 $n\geqslant 8$,76 或更小的值都不能得到. 因此,$n=4$. (A)

第2章　1993年试题

1. $38+12-17$ 的值是(　　).

A. 19　　B. 11　　C. 43

D. 23　　E. 33

解　$38+12-17=50-17$,即33.　　(　E　)

2. $\frac{5}{8}\times\frac{2}{15}$ 的值是(　　).

A. $\frac{1}{12}$　　B. $\frac{3}{8}$　　C. $\frac{3}{4}$

D. $\frac{1}{6}$　　E. $\frac{1}{10}$

解　$\frac{5}{8}\times\frac{2}{15}=\frac{1}{8}\times\frac{2}{3}=\frac{1}{4}\times\frac{1}{3}=\frac{1}{12}$.

(　A　)

3. 3×2.59 等于(　　).

A. 6.59　　B. 7.97　　C. 5.17

D. 7.67　　E. 7.77

解　$3\times2.59=7.77$.　　(　E　)

4. 在图1中,PQ,RS 和 TU 是三条直线,$RS\parallel TU$. $\angle PVS$ 的值是(　　).

A. 120°　　B. 50°　　C. 60°

D. 80°　　E. 40°

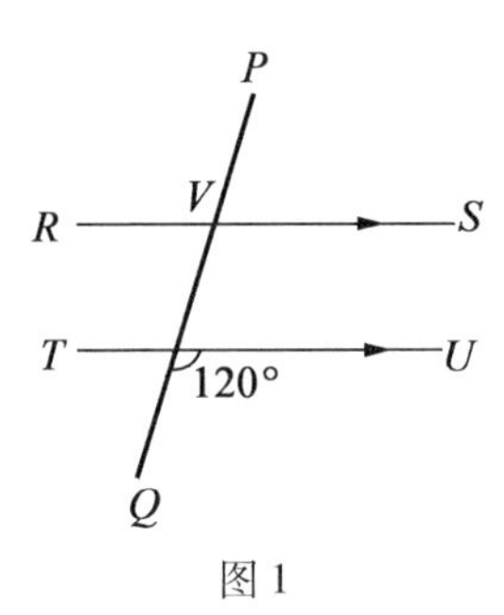

图1

解 因为 RS 和 TU 是平行的，所以 $\angle QVS = 120°$，$\angle PVS$ 和 $\angle QVS$ 是互补的，因此 $\angle PVS = 180° - 120° = 60°$. (C)

5. $\frac{1}{2} \times (3.5 + 4.5)$ 等于(　　).

A. 8.0　　B. 3.5　　C. 4.05

D. 3.95　　E. 4.0

解 $\frac{1}{2} \times (3.5 + 4.5) = \frac{1}{2} \times 8.0 = 4.0$.

(E)

6. 如图2，在这个尺子上大多数字已看不见了，假设尺子的刻度是均匀的，那么点 P 对应的读数是(　　).

A. 12.47　　B. 12.48　　C. 12.50

D. 12.52　　E. 12.56

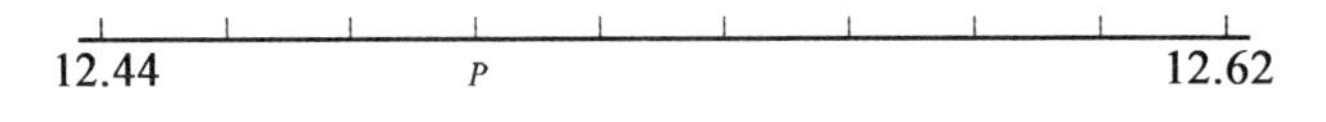

图2

解 在12.44和12.62之间有9个相等的空距，总

共增加 12.62 - 12.44 = 0.18，因此每个空距增加 0.02. 点 P 位于第三个空距末，$0.02\times3=0.06$，$12.44+0.06=12.50$.　　(C)

7. 10 与 20 之间的所有质数之和是(　　).

A. 36　　B. 43　　C. 49

D. 60　　E. 75

解　10 与 20 之间的质数是 11，13，17，19. 它们的和是 60.　　(D)

8. 在给定的一段时间里，乌龟爬行了 18 cm，学生走了 54 m，鸟飞行了 3 km，在这段时间里三者总共行进的距离是(　　).

A. 3.054 18 m　　B. 354.18 m　　C. 3 054.18 m

D. 354.18 km　　E. 3 541.8 m

解　以米为单位，总共的距离是 $3\ 000.00+54.00+0.18=3\ 054.18$(m).　　(C)

9. 一个矩形是由三个正方形构成的，如图 3 所示，如果这个矩形的周长是 24 cm，那么它的面积是(　　).

A. 27 cm^2　　B. 30 cm^2　　C. 36 cm^2

D. 24 cm^2　　E. 48 cm^2

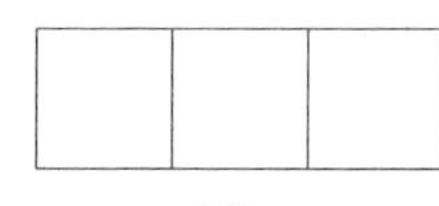

图 3

解　这个矩形的周长等于 8 个正方形的边长，所以正方形的边长是 $24\div8=3$(cm). 每个正方形的面积是 $3\times3=9$(cm^2)，所以整个图形的面积是 $9\times3=27$(cm^2).　　(A)

10. 每个钉子质量为5 g,用11.5 kg的铁丝能做多少个钉子?(　　).

A. 2 300 个　　B. 230 个　　C. 23 000 个

D. 230 000 个　　E. 4 600 个

解　11.5 kg = 11 500 g. 每个钉子质量为5 g,用11.5 kg的铁丝能做的钉子数是 11 500 ÷ 5 = 2 300(个).　　(A)

11. 200 的 $7\frac{1}{2}\%$ 是(　　).

A. 14　　B. 15　　C. 25

D. 18　　E. 75

解　100 的 $7\frac{1}{2}\%$ 是7.5,所以200 的 $7\frac{1}{2}\%$ 是 $2\times7.5=15$.　　(B)

12. 一件衬衫售价为30 澳元,但是若买三件,则可得到20% 的优惠,你买了三件,应付(　　).

A. 84 澳元　　B. 82 澳元　　C. 80 澳元

D. 72 澳元　　E. 70 澳元

解　如果没有优惠,那么你应付 $3\times30=90$(澳元),得到20% 的优惠,你应付这个数目的80%,即 $0.8\times90=72$(澳元).　　(D)

13. 图4 表示刺绣针脚背面,它是由一条连续丝线织成的:

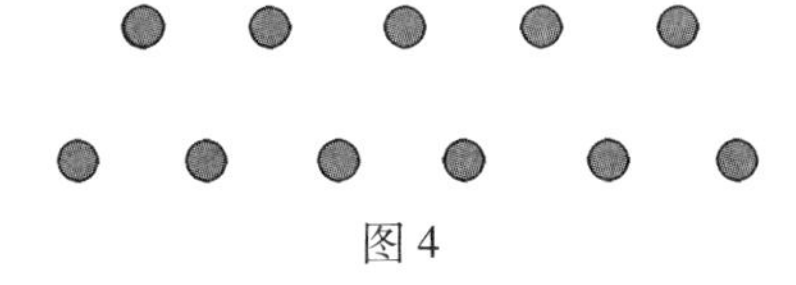

图4

这件刺绣品正面的花样是(　　).

A. 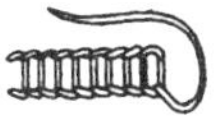　　B. 　　C.

D. 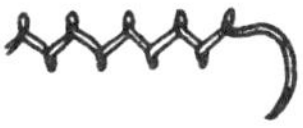　　E.

解　只有选项D和E背面的针脚是交错出现的.但是选项D背面的针脚是竖直的,而给出的针脚是水平的.　　　(E)

14. 雷(Ray)和琼(Joan)准备装修他们的长方形的厨房地板,考虑选购 $10\ \text{cm}\times 10\ \text{cm}$ 的地板砖,这种型号的地板砖有两种,一种是软木砖,价格为29.95澳元/m^2,另一种是瓷砖,价格为24.95澳元/m^2,地板的面积为 $4.2\ \text{m}\times 2\ \text{m}$,如果按上述价格购买他所需数量的地板砖,那么选购价格便宜的一种可以节省多少澳元钱?(　　).

A. 42澳元　　B. 62澳元　　C. 31澳元

D. 84澳元　　E. 44澳元

解　铺盖厨房地板所需地板砖的平方米数是 $4.2\times 2=8.4$. 瓷砖比软木砖每平方米便宜5澳元. 使用 $8.4\ \text{m}^2$,共便宜 $8.4\times 5=42$(澳元).　　　(A)

15. 在我从克莱斯特彻奇(Christchurch)到悉尼(Sydney)的一次飞行中,客舱中的信息屏幕上显示:

时速	864 km/h
已飞行的距离	1 222 km
尚需飞行的时间	1 h20 min

如果飞机继续以当前的速度飞行,则从克莱斯特

彻奇到悉尼的距离最接近于(　　).

A. 2 300 km　　B. 2 400 km　　C. 2 500 km

D. 2 600 km　　E. 2 700 km

解　着陆(到达悉尼)前的时间是 1 h20 min,即 $\frac{4}{3}$h,所以,与着陆点(悉尼)的距离是 $864\times\frac{4}{3}=1\ 152$ (km). 因为起飞(离开克莱斯特彻奇)后飞行的距离是 222 km,所以可以算出从克莱斯特彻奇到悉尼的距离是 $1\ 152+1\ 222=2\ 374$ (km),在可供选择的答案中,最接近于 2 400 km.　　(　B　)

16. 海水中盐的质量浓度是每升海水含有 34 g 盐,已知 1 000 mL 等于 1 L,1 000 kg 等于 1 t,1 000 m 等于 1 km,那么 1 km^3 的海水中含有盐的吨数是(　　).

A. 3 400 t　　B. 34 000 t　　C. 340 000 t

D. 3 400 000 t　　E. 34 000 000 t

解　1 L 海水含盐 34 g,即 $\frac{34}{1\ 000}$kg,所以 1 m^3 (1 000 L) 含盐 34 kg;因此 1 km^3 含盐

$$\begin{aligned}1\ 000\times 1\ 000\times 1\ 000\times 34 &= 34\ 000\ 000\ 000(\text{kg})\\ &= 34\ 000\ 000(\text{t})\end{aligned}$$

(　E　)

17. 在图 5 中,$PQ\ /\!/\ RS$,$TU=TV$. 如果 $\angle TWS=110°$,那么 $\angle VUQ$ 的大小是(　　).

A. 135°　　B. 130°　　C. 125°

D. 115°　　E. 110°

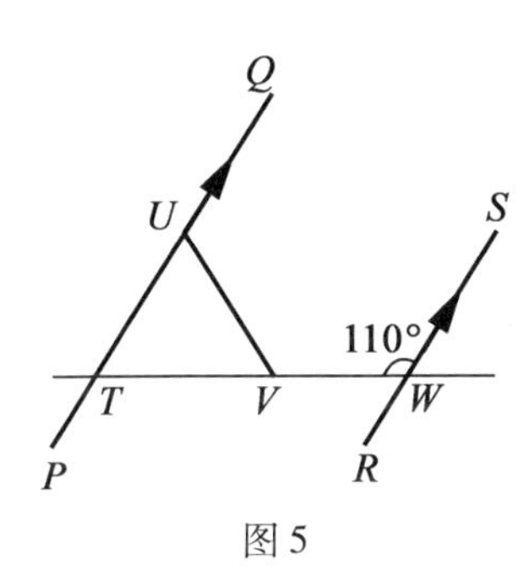

图5

解　因为$PQ /\!/ RS$,所以$\angle VTQ = 180° - 110° = 70°$,因为$TU = TV$,所以$\angle TUV = \angle TVU = \frac{1}{2}(180° - 70°) = \frac{1}{2}(110°) = 55°$. 因此,$\angle VUQ = 180° - 55° = 125°$.　　（ C ）

18. 在本年度前五次数学测验中,约翰(John)平均得8分,在随后的两次测验中他得了7分和5分,在第八次测验以后,他的总平均分为7.5,在第八次测验中得了多少分?(　　).

A. 5分　　B. 6分　　C. 6.5分

D. 7.5分　　E. 8分

解　在第八次测验以后约翰的总分是$7.5 \times 8 = 60$. 在前五次测验中他的总分是$8 \times 5 = 40$,由于在随后的两次测验中他得了7分和5分,所以在前七次测验中他的总分是$40 + 7 + 5 = 52$. 因此在第八次测验中他得了$60 - 52 = 8$(分).　　（ E ）

19. 在一个棱长为1单位的立方体的各面上,分别添加棱长均为1单位的四棱锥,构成一个星形体,这个星形体的棱数是(　　).

A. 60　　B. 28　　C. 24

D. 48　　E. 36

解　原来的立方体有 12 条棱,现在在它的每个面上增加了4条棱,在六个面上增加了24条棱,新的立体总的棱数是 $12+24=36$.　　(E)

20. 两个平行平面相距 10 cm,在一个平面上有一点 P,与两个平面距离相等且与点 P 的距离为6 cm 的所有点的集合为(　　).

A. 一点　　B. 一条直线和一个圆

C. 一条直线　　D. 一个圆　　E. 一个球

解　与两个平面距离相等的所有点的集合是它们中间的平面(即与每个平面距离为 5 cm 且与它们平行的平面),与点 P 距离为6 cm的所有点的集合是以 P 为中心、半径为 6 cm 的球面,满足两个条件的点的集合是中间的平面与该球面相交而成的圆.　　(D)

21. 运算 $\oplus$ 由 $a\oplus b=2a+3b$ 来定义. 如果 $5\oplus x=22$,那么 x 的值是(　　).

A. 4.4　　B. 12　　C. 4

D. 11　　E. 6

解　方程 $5\oplus x=22$ 等价于 $2\times5+3x=22$,即 $10+3x=22$,即 $3x=12$,即 $x=4$.　　(C)

22. 在乘积

$$\left(1+\frac{3}{1}\right)\left(1+\frac{5}{4}\right)\left(1+\frac{7}{9}\right)\left(1+\frac{9}{16}\right)\cdots\left(1+\frac{41}{400}\right)$$

中,第 n 个因子是 $1+\frac{2n+1}{n^2}$,这个乘积的值是(　　).

A. 441　　B. 4 041　　C. 4 410

D. 4 001　　E. 4 010

解　该乘积显然等价于

$$\frac{4}{1}\cdot\frac{9}{4}\cdot\frac{16}{9}\cdot\frac{25}{16}\cdot\cdots\cdot\frac{(n+1)^2}{n}\cdot\cdots\cdot\frac{441}{400}$$

消去相同的分子和分母,恰好剩下第一个分母和最后一个分子,得441/1,即441.　　(A)

23. 红玫瑰3澳元1株,黄玫瑰5澳元1株,一位园丁想要买两种玫瑰(每种至少买一株),并决定总共买13株,其中黄的要比红的多,他所花的钱数,可能是(　　).

A. 51澳元　　B. 67澳元　　C. 65澳元

D. 58澳元　　E. 57澳元

解　假设这位园丁买x株红玫瑰,那么他买$(13-x)$株黄玫瑰($1\leqslant x\leqslant 6$,因为每种至少买1株,且黄玫瑰比红玫瑰多).他花的总钱数(以澳元计),是$3x+5(13-x)=65-2x$(注意:$1\leqslant x\leqslant 6$).因此可能的钱数是63,61,59,…,55,53.在备选答案中只能选57.

(E)

24. 一排四个“接通—切断”开关,如果任何两个相邻开关不能都处于切断状态,那么有多少种不同的设定方式?(　　).

A. 8种　　B. 10种　　C. 12种

D. 14种　　E. 16种

解　设N表示“接通”,F表示“切断”,切断的开关不能多于两个,对于两个接通、两个切断的情况,有

3 种设定方式:FNFN,NFNF 和 FNNF. 对于三个接通、一个切断的情况,有 4 种设定方式:FNNN,NFNN,NNFN 和 NNNF. 对于四个接通、没有切断的情况,只有 1 种设定方式:NNNN. 共有 8 种设定方式. (A)

25. 如图 6,给定一个边长为 3 m 的实心立方体,从每面的中部到对面的中部开设一个正方形孔,三个孔在立方体的中间相交,这样产生的正方形窗口的边长为 1 m,这个新立方体的总表面积是多少?( ).

A. 72 m^2　　B. 76 m^2　　C. 78 m^2

D. 80 m^2　　E. 84 m^2

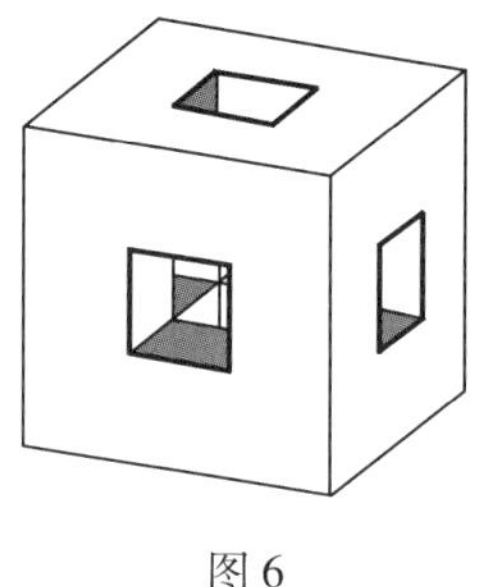

图 6

解　对于每一面来说,原立方体剩余表面的面积是 $3^2 - 1^2 = 8\ (m^2)$,还有四个内部截面,每个截面的面积是 1 m^2,因此,对于每一面来说,表面积为 $8 + 1 \times 4 = 12\ (m^2)$,有六个面,得到总的表面积为 $12 \times 6 = 72\ (m^2)$. (A)

26. 一个交叉数谜的答案是一个自然数(而不是字),这个谜语的片断如图 7 所示,给出的一些线索是

横

1. 27 竖的平方

6. 1 横的一半

竖

1. 2 竖的两倍

2. 9 的倍数,为两位数

1		2	■
	■	6	7
	■	9	
	■	■	
■	15		

图7

试问1横中间的数字是多少?

A. 0　　B. 2　　C. 4

D. 6　　E. 9

解　因为1竖是2竖的两倍并且比2竖多1位数字,所以1竖的第一个数字必定是1. 这就给出1横(它必须是完全平方)的五种可能情况,即100,121,144,169和196. 但是2竖的第一个数字必须至少为5(因为加倍之后多出1位数字),由于1竖是2竖的两倍,所以1横应为偶数,1横有三种可能:100,144,196. 再由1竖是2竖的两倍,2竖是9的倍数知1横必须是144.

(C)

27. 在一个乘法幻方中,每一行数之积,每一列数之积. 对角线上的数之积都相等,如果在图8的空格中填上正整数,构成一个乘法幻方,那么 X 的值是(　　).

5		X
4		
	1	

图8

A. 2　　B. 4　　C. 5

D. 16　　　　　E. 25

解　因为第一列数之积与第二行数之积必须相等,而第一列中间空格中填写的数是这两个乘积的公因数,所以这个幻方中间空格中填写的数必定等于 $5X$,然后,把第一行数之积与从左下到右上的对角线上的数之积进行对比,注意到左下角空格中填写的数是这两个乘积的公因数,可知 $4\cdot 5=X\cdot(5X)$,即 $5X^2=20$,即 $X=2$,因为 X 必须是正数.　　(A)

注　由给定的数据可以证明幻方中所填的数是唯一的、每一行数之积、每一列数之积、对角线上的数之积都等于 1 000.

28. 一位妇女,她有三个上学年龄的孩子,她的年龄与她的三个孩子的年龄之积是 16 555. 她的最大的孩子与最小的孩子年龄之差是(　　).

A. 4　　　　　B. 5　　　　　C. 6

D. 7　　　　　E. 11

解　因为 $16\ 555=43\times 11\times 7\times 5$,所以母亲 43 岁、大孩子 11 岁、二孩子 7 岁、小孩子 5 岁,所求的年龄差是 6.　　(C)

29. 考虑当被 2,3,4,5,6,7 和 8 除时余数均为 1 的大于 8 的一切数,求这些数中两个最小数之和?(　　).

A. 842　　　　　B. 2 522　　　　　C. 3 362

D. 912　　　　　E. 2 532

解　设 x 被 2,3,4,5,6,7 和 8 除时余数均为 1 的一个数,则 $x-1$ 可被 2,3,4,5,6,7 和 8 整除,即可被 2,

3,4,5,6,7和8的最小公倍数整除．因为这个最小公倍数是$2^3\times3\times5\times7=840$，所以两个最小的$x$值是841和1 681．因此，所求的和是2 522．　　(　B　)

30．给定一个立方体，至少通过它的三个顶点的平面有多少个?(　　)．

A．8个　　B．12个　　C．16个

D．20个　　E．36个

解　给定立方体$PQRSTUVW$，如图9所示．首先，与立方体的面重合的平面(例如通过P,Q,R和S的平面)，有6个；其次，通过两个相对的棱的平面(有6对相对的棱，例如通过PQ和VW的平面)，有6个；最后，还有8个平面，其中每个平面恰好通过三个顶点，这是因为通过每个顶点有三个这样的平面，例如通过P的三个平面，其中一个还通过R和U，一个还通过R和W，另一个还通过U和W．由此得到24个这样的平面，但是其中每一个都计算了三次，即在它通过的三个顶点中的每一顶点上都计算了一次，故实际上只有$\frac{24}{3}=8$个这样的平面，总共有$6+6+8=20$个平面．

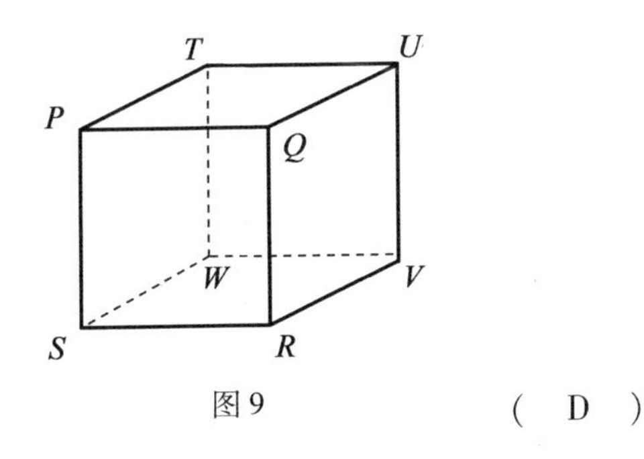

图9　　(　D　)

第 3 章　1994 年试题

1. $23+34$ 等于(　　).

A. 67　　B. 56　　C. 66

D. 75　　E. 57

解　$23+34=57$.　　(E)

2. 0.5×11 的值是(　　).

A. 0.55　　B. 55　　C. 5.5

D. 5　　E. 4.5

解　$0.5\times 11=5.5$.　　(C)

3. 在图 1 中所示三角形中, $\angle R$ 的度数是(　　).

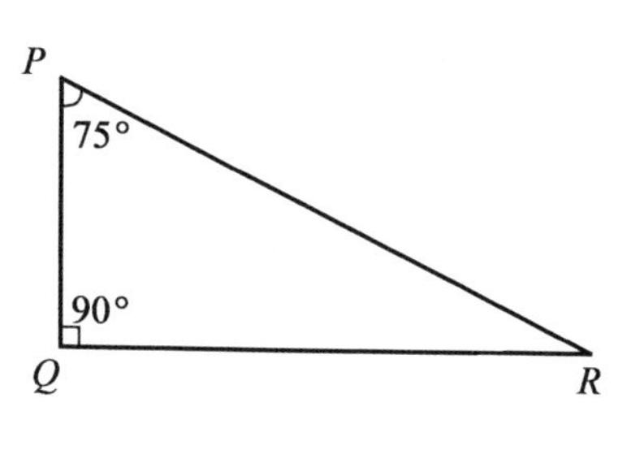

图 1

A. 25°　　B. 15°　　C. 35°

D. 45°　　E. 10°

解　$\angle R$ 的值是 $180°-(75°+90°)=15°$.

(B)

4. 下列各数中哪一个最小?(　　).

A. 0.090 8　　B. 0.900 8　　C. 0.009 8

D. 0.098　　E. 0.908

解　0.009 8是这些数中在小数点后第三位才出现非零数字的唯一的数,所以它最小.　　(C)

5. 比1 098小19的数是(　　).

A. 1 080　　B. 1 081　　C. 1 079

D. 1 078　　E. 1 089

解　1 098 − 19 = 1 079.　　(C)

6. $\dfrac{4}{5-\dfrac{3}{4}}$的值是(　　).

A. $\dfrac{16}{17}$　　B. $\dfrac{2}{34}$　　C. 8

D. $\dfrac{1}{2}$　　E. $\dfrac{1}{4}$

解　$\dfrac{4}{5-\dfrac{3}{4}}=\dfrac{4}{\dfrac{20-3}{4}}=\dfrac{4}{\dfrac{17}{4}}=4\times\dfrac{4}{17}=\dfrac{16}{17}.$

(A)

7. $\dfrac{1}{2}$被什么数除其结果为3?(　　).

A. $\dfrac{1}{6}$　　B. $\dfrac{1}{3}$　　C. $1\dfrac{1}{2}$

D. 3　　E. 6

解　设这个数为x,则$\dfrac{\dfrac{1}{2}}{x}=3$,即$x=\dfrac{1}{3}\times\dfrac{1}{2}=$

$\frac{1}{6}$.

(A)

8. 一个正方形的周长是 24 cm，它的面积是(　　).

A. 36 cm^2　　B. 20 cm^2　　C. 16 cm^2

D. 24 cm^2　　E. 25 cm^2

解　因为这个正方形的周长是 24 cm，所以它的边长是 6 cm，于是它的面积是 $6 \times 6 = 36(cm^2)$.

(A)

9. 安妮(Anne)带着面值分别为 100 澳元、50 澳元、20 澳元、10 澳元和 5 澳元的纸币分别为 100 张、50 张、20 张、10 张和 5 张，她总共带的钱数是多少澳元?(　　).

A. 12 025 澳元　B. 13 025 澳元　C. 13 125 澳元

D. 14 525 澳元　E. 15 525 澳元

解　她带的纸币的总值是

$$(100 \times 100) + (50 \times 50) + (20 \times 20) + (10 \times 10) + (5 \times 5)$$
$$= 10\,000 + 2\,500 + 400 + 100 + 25$$
$$= 13\,025$$

(B)

10. 2.3 m 等于多少厘米?(　　).

A. 23 cm　　B. 2.3 cm　　C. 230 cm

D. 23 000 cm　　E. 2 300 cm

解　$2.3 \times 100 = 230$.　　(C)

11. 丹尼(Danny)从 1994 年开始往前数，每次数 7 年，得到序列：1994，1987，1980，… 试问他将数到下面

哪一年?(　　).

A. 1788 年　　B. 1789 年　　C. 1790 年

D. 1791 年　　E. 1792 年

解　1994被7除余数为6. 给出的五个数被7除余数分别是3,4,5,6和0.　　(　D　)

12. 在图2中,QRS是一条直线,一些角的大小如图所示,x的值是(　　).

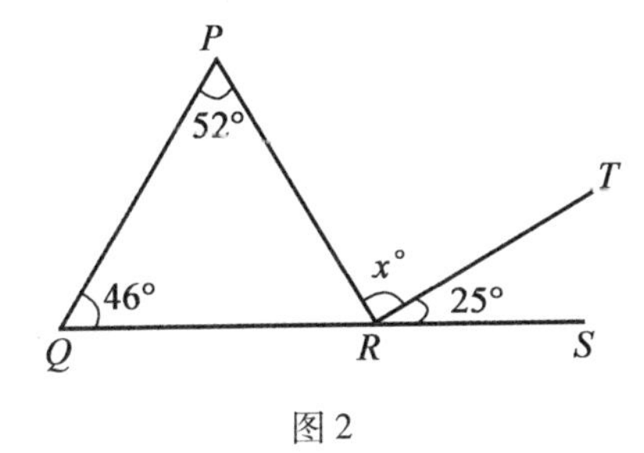

图2

A. 27　　B. 52　　C. 73

D. 83　　E. 98

解　注意到:$\triangle PQR$的三内角和是180°,顶点在R的三个角之和也是180°,于是有

$$\angle PRQ + 52^\circ + 46^\circ$$
$$= \angle PRQ + x^\circ + 25^\circ$$

即

$$52 + 46 = x + 25 = 98$$

(有些学生会直接看出:外角$x + 25$等于两个不相邻的内角之和$52^\circ + 46^\circ$) 于是$x = 98 - 25 = 73$.　(　C　)

13. 一位马拉松参赛者的速度是15 km/h,这个速度如以m/s计,则最接近于(　　).

A. 4. 0　　B. 4. 1　　C. 4. 2

D. 4. 3　　E. 4. 4

解　因为 1 h = 3 600 s,1 km = 1 000 m,所以这个速度为

$$15 \times \frac{1\ 000}{3\ 600} = \frac{150}{36} = \frac{25}{6} \approx 4.166\ 6\cdots$$

(C)

14. 如图 3,把一个正八面体的各面涂上颜色,使得任何具有一个公共棱的两个面的颜色都不相同,至少需要几种颜色?(　　).

A. 2 种　　B. 3 种　　C. 4 种

D. 5 种　　E. 6 种

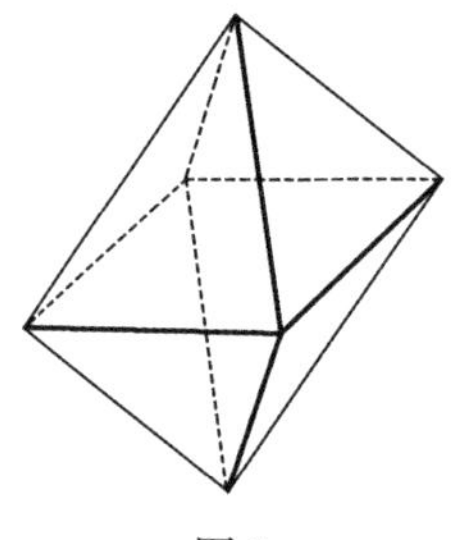

图 3

解　一种颜色显然是不够的. 然而,两种颜色就可以了,顶上 4 个面涂色依次为黑、白、黑、白,底下 4 个面涂色依次为白、黑、白、黑.　　(A)

15. 把四个相继的奇数加起来,如果其中最小的一个数是 $2m-1$,则得到的和是(　　).

A. $8m-10$　　B. $8m+2$　　C. $8m+8$

D. $8m+10$　　E. $8m+3$

解　$(2m-1)+(2m+1)+(2m+3)+(2m+5)=8m+8$.　　(C)

16. 史蒂芬(Stephen)为人割草,他本人每小时想要获得报酬10澳元;他的妹妹萨拉(Sarah)帮助他工作,要从收入中分得20%,如果史蒂芬准备工作4小时,因而收入40澳元,那么他要求的总报酬应当是(　　).

A. 40澳元　　B. 40.80澳元　　C. 42澳元

D. 48澳元　　E. 50澳元

解　设史蒂芬工作4 h必须得到的总报酬为x澳元,于是$0.8x=40$,即

$$x=\frac{40}{0.8}=\frac{400}{8}=50$$

(E)

17. 一个矩形被分割成一些小矩形,如图4所示,其中已标明五个小矩形的面积(此图未按比例画). 图中x应当是(　　).

A. 5　　B. 6　　C. 7

D. 8　　E. 9

1	2	
	3	4
x		16

图4

解法1　因为各行中的矩形具有相同的高,所以它们的面积与它们的宽成正比,由中间一列可以看出,

中间一行矩形的面积是顶上一行的$\frac{3}{2}$倍,由右边一列可以看出,底下一行矩形的面积是中间一列的4倍,因此,x是$1\times\frac{3}{2}\times4=6$.

解法2 如图5,设y是面积为1的矩形的宽,因此,它的高必定是$1/y$,而面积为2的矩形的宽必定是$2y$,类似地,面积为3的矩形的高必定是$3/(2y)$,因此面积为4的长方形的宽必定是$8y/3$. 结果,面积为16的矩形的高必定是$6/y$,由此可知,$x=y(6/y)=6$.

(B)

	y	$2y$	$8y/3$
$1/y$	1	2	
$3/2y$		3	4
$6/y$	x		16

图5

18. 九个冰淇淋的价钱小于10澳元,而10个冰淇淋的价钱大于11澳元. 每个冰淇淋的价钱是多少?( ).

A. 1.00澳元　B. 1.02澳元　C. 1.10澳元

D. 1.11澳元　E. 1.12澳元

解 设一个冰淇淋的价钱是x澳元,首先,$9x<10$,即$x<10/9\approx1.11\cdots$,并且因为价钱只能精确到

分,所以 $x \leqslant 1.11$. 同样,$10x > 11$,即 $x > 1.10$. 又因为价钱只能精确到分,所以 $x \geqslant 1.11$. 比较两个结果,得到 $x = 1.11$.　　　　(　D　)

19. 一个水龙头每秒钟滴一滴水,600 滴水恰好装满 100 mL 的瓶子, 试问 300 天中浪费多少升水?(　　).

A. 432 L　　B. 4 320 L　　C. 43 200 L

D. 432 000 L　　E. 4 320 000 L

解　浪费水的数量是

$$\frac{60 \times 60 \times 24 \times 300}{600 \times 10} = 4\ 320$$

(　B　)

20. 所罗门(Solomon)航班由莫尔兹比港(Port Moresby)〔巴布亚新几内亚(Papua New Guinea)〕飞往纳迪(Nadi)〔斐济(Fiji)〕, 途径霍尼亚拉(Honiara)〔所罗门群岛(Solomon Islands)〕和维拉港(Port Vila)〔瓦努阿图(Vanuatu)〕,其时刻表如表1:

表1

起飞	区　间	着陆
13:10	莫尔兹比港 — 霍尼亚拉	16:20
17:10	霍尼亚拉 — 维拉港	19:00
19:40	维拉港 — 纳迪	22:10

其中的时间都是各国的地方时间,但是,斐济比瓦努阿图和所罗门群岛早1 h,而后两个国家又比巴布亚新几内亚早1 h,该航班的飞机由莫尔兹比港到纳迪

在空中共飞行多长时间?(　　).

A. 5 h30 min　　B. 9 h30 min　　C. 7 h

D. 7 h30 min　　E. 9 h

解　全程所需的总时间是时刻表上的时间差22:10减13:10等于9 h,减去莫尔兹比港与纳迪之前的时差,即2 h,也就是说,全程所需的总时间是7 h,但是旅客在霍尼亚拉停留50 min,在维拉港停留40 min,总共停留1 h30 min,因此,在空中飞行的时间是7 h减去1 h30 min,即5 h30 min.　　(　A　)

21. 7个小烧饼与4个油酥饼质量相等,5个果酱饼与6个油酥饼质量相等. 如果油酥饼、小烧饼和果酱饼的质量(以克为单位)分别为m,s和t,那么(　　).

A. $x < t < m$　　B. $t < s < m$　　C. $t < m < s$

D. $s < m < t$　　E. $m < t < s$

解　我们有

$$7s = 4m, \text{即 } s = \frac{4m}{7} \qquad (1)$$

和

$$5t = 6m, \text{即 } t = \frac{6m}{5} \qquad (2)$$

比较(1)和(2),得到$s < m < t$.　　(　D　)

22. 在一张纸上写着一个四位数,不慎滴上了墨水,后两位数字看不见了

86 ??

如果这个数能被3,4和5整除,那么丢失的两位数字之

和是(　　).

A. 3　　B. 4　　C. 9

D. 6　　E. 13

解　因为该数能被4和5整除,所以它的最后一位数字是0,倒数第二位数字是偶数,只有当这个偶数字为4时,该数才能被3整除,即该数是8 640. 它的最后两位数字之和是4.　　(　B　)

23. 如图6,要想从单元1走到单元7,如果规定只能从编号较小的单元向相邻的编号较大的单元移动,那么有多少条不同路线?(　　).

A. 8条　　B. 10条　　C. 11条

D. 12条　　E. 13条

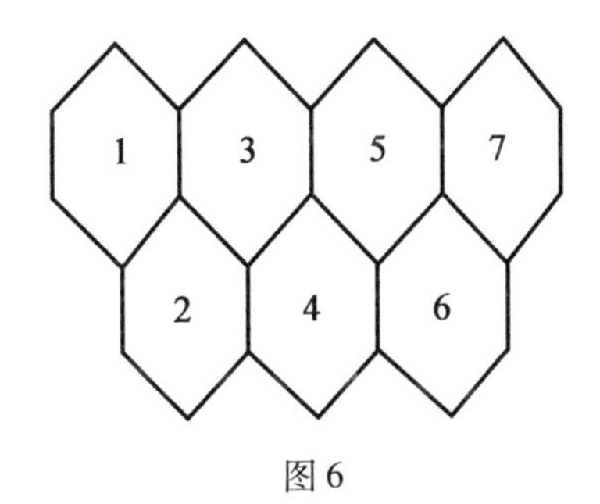

图6

解　我们可以按如下方式数出路线的条数:首先,有1条路线使得任何单元都不漏掉(即通过所有7个单元);其次,有5条线,分别漏掉1个单元(即漏掉单元2,3,4,5或6),再次,有6条路线,分别漏掉2个单元(即漏掉单元2和4,2和5,2和6,3和5,3和6,4和

6);最后,有 1 条路线,漏掉了 3 个单元,即单元 2,4 和 6. 总共有 $1+5+6+1=13$ 条路线.　　(E)

24. 幼儿园的一班有 9 个孩子,每天下午要出去散步,每天散步时他们的老师把他们分成三人一组,并且希望任何两个孩子只有一天分在同一组,这个计划能够持续几天而不出现重复?(　　).

A. 1 天　　B. 2 天　　C. 3 天

D. 4 天　　E. 5 天

解　对于每个孩子来说,其他 8 个孩子最多能够分成不同的 4 对,因此,为了使一个孩子只有一天同另一个孩子分在同一组,这就不可能超过 4 天,这 4 天的一种分组情况是

1 2 3　1 4 7　1 5 9　1 6 8

4 5 6　2 5 8　2 6 7　2 4 9

7 8 9　3 6 9　3 4 8　3 5 7　　(D)

25. 从梅宁迪(Menindee)到塞杜纳(Ceduna)的距离为999 km,计划沿着这条道路每隔1 km设置一个分别指示到梅宁迪和塞杜纳的距离的标志:(0,999),(1,998),…,(999,0). 有多少个标志上的数值正好只由两个不同的数字构成?(　　).

A. 36　　B. 32　　C. 38

D. 40　　E. 34

解　在一个标志上两个不同的数字和必定是 9. 因此,在所考虑的标志上不同的数字对只能是(0,9),

(1,8),(2,7),(3,6)和(4,5). 每一数字对构成8个所考虑的标志. 例如,数字对(2,7)构成标志(222,777),(227,772),(272,727),(722,277)以及另外四个数目相同、次序颠倒的标志. 因此,有$5\times8=40$个所求的标志. （　D　）

26. 在学校礼堂里举办了一场学生演出,成人票一张75分,儿童票一张25分,共收入330澳元,礼堂中有600个座位,没有坐满,观看这场演出的成人人数最少是(　　).

A. 359人　　B. 300人　　C. 365人

D. 361人　　E. 367人

解　设成人人数是a,儿童人数是c,则

$$0.75a+0.25c=330 \tag{1}$$

我们还要求$a+c<600$. 符合这些条件的最少成人人数是最接近于满足方程(1)和$a+c=600$的解,其中$a+c<600$. 把$c=600-a$代入方程(1),得到$0.75a+0.25(600-a)=330$,即$0.5a+150=330$,即$0.5a=180$或$a=360$. 这个解(包括$c=240$),使礼堂坐满了. 下一个解$a=361$,$c=237$是使得礼堂有空间座位的成人人数最少的解. （　D　）

27. 当一个两位数除以它的两个数字之和时,可能得到的最大余数是多少?(　　).

A. 13　　B. 14　　C. 15

D. 16　　E. 17

解 设这个数是 y,它的两个数字之和是 x. x 的最大可能值是 18,因此最大可能的余数是 17,但是,由于 $x=18$,推出 $y=99$,当 99 除以 18 时的余数是 9. 考虑余数 16. 这时,x 应当是 18 或 17,但是我们已经排除了 18. 对于 $x=17$,我们有 $y=98$ 或 89,但是这两个数除以 17 时的余数分别是 13 和 4,因此 16 是不可能的. 考虑余数 15. 我们已经排除了 x 的值 18 和 17,于是考虑 $x=16$. 这时 y 可能是 97,88 或 79,而 79 除以 16 时余数为 15. (C)

28. 对于多少个正整数 n,可以使得

$$\frac{n+17}{n-7}$$

也是正整数?( ).

A. 4　　B. 5　　C. 6

D. 7　　E. 8

解 注意到

$$\frac{n+17}{n-7}=\frac{n-7+24}{n-7}=1+\frac{24}{n-7}$$

并可看出 24 的正因数是 1,2,3,4,6,8,12 和 24. 这些数就是 $n-7$ 可能取的值,对于这些值,n 的值是 8,9,10,11,13,15,19 和 31,共有 8 个. (E)

29. 从 100 到 999(包含 100 和 999) 有多少个这样的三位数,其一个数字是另外两个数字的平均值?

A. 121　　B. 117　　C. 112

D. 115　　E. 105

解　首先考虑三个数字相等的情况,这时有9个数:111,222,…,999. 然后考虑三个数字不全相等的情况:平均值为8的,只有一种组合897;平均值为7的,有两种组合786和795;平均值为6的,有三种组合675,684和693;平均值为5的,有四种组合564,573,582和591;由于对称性,平均值为4的,有四种组合453,462,471和480;平均值为3的,有三种组合342,351和360;平均值为2的,有两种组合231和240;平均值为1的,只有一种组合120. 共有20种组合,对于其中不含0的16种组合,每种组合有6个不同的数,对于含有0的4种组合,每种组合有4个不同的数(0不能在首位). 因此,这种数总共有$9+16\times6+4\times4=121$个.

(　A　)

第4章　1995年试题

1. 21 - 12 等于(　　).

A. 12　　B. 10　　C. 11

D. 8　　E. 9

解　21 - 12 = 9.　　(E)

2. $\frac{8}{5}$等于(　　).

A. 0.625　　B. 1667　　C. 1.8

D. 1.6　　E. 0.6

解　$\frac{8}{5}$等于$1+\frac{3}{5}$,即1.6.　　(D)

3. 0.8 × (0.3 + 0.7) 等于(　　).

A. 0.94　　B. 0.08　　C. 0.176

D. 0.8　　E. 8

解　0.8 × (0.3 + 0.7) = 0.8 × 1 = 0.8.

(D)

4. 壹百零贰万零壹拾这个数写成(　　).

A. 1 200 010　　B. 1 002 010　　C. 120 010

D. 1 020 010　　E. 1 002 100

解　写成1 020 010.　　(D)

5. 一版邮票有10行,每行有10枚. 一版面值45分的邮票的总面值是(　　).

A. 4.50 澳元　　B. 9 澳元　　C. 45 澳元

D. 90 澳元　　E. 145 澳元

解　一版邮票有 $10 \times 10 = 100$(枚),每枚面值为 45 分,它们的总面值是(100×0.45)澳元,即 45 澳元.

(C)

6. 在图 1 中,x 的值是(　　).

A. 99　　B. 98　　C. 101

D. 109　　E. 111

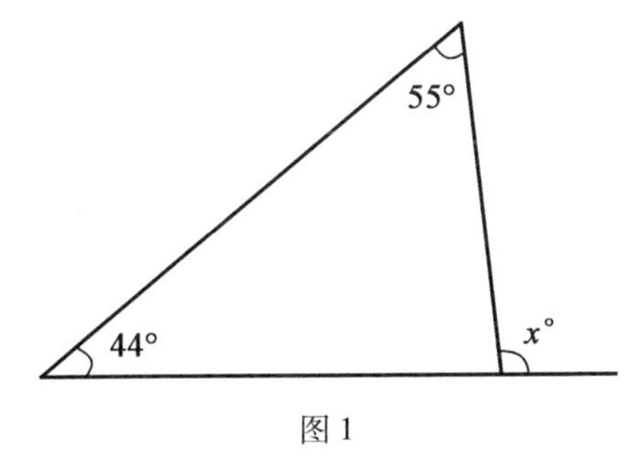

图 1

解　这里,x 是三角形的一个外角,它的值等于两个不相邻的内角之和,即 $44 + 55 = 99$.　(A)

7. 一个灯塔上的灯每隔 8 s 闪光一次,附近另一个灯塔上的灯每隔 12 s 闪光一次. 两个灯同时闪光以后,经过多少秒才会再次同时闪光?(　　).

A. 24 s　　B. 18 s　　C. 72 s

D. 48 s　　E. 96 s

解　再次同时闪光前经过的秒数是 8 和 12 的最小公倍数,即 24 s.　(A)

8. 在一只有六位数字的手表上,前两位数字表示

午夜后经过的小时数,中间两位数字表示分,后两位数字表示秒. 现在显示

17:33:00

在下次显示

00:00:00

以前经过多少分钟?(　　).

A. 273 min　　B. 203 min　　C. 387 min

D. 267 min　　E. 327 min

解　在手表显示18:00:00(即晚上6:00)以前经过27 min. 此后,在显示00:00:00(即半夜)以前经过6 h,$6\times60=360$ (min). 因此,经过的总时间是$27+360=387$.　　(　C　)

9. 在一个容器中装有13.42 L的油. 罗德(Rod)取出780 mL,后来又倒回570 mL. 这时容器中油的数量是(　　).

A. 13.32 L　　B. 13.21 L　　C. 13.63 L

D. 15.52 L　　E. 11.32 L

解　剩余的油的数量(以升为单位)是

$$13.42+0.57-0.78=13.99-0.78=13.21$$

(　B　)

10. $\dfrac{57+(83\times57)}{57}$的值是(　　).

A. 83　　B. 84　　C. 140

D. 4 731　　E. 4 732

解　$\dfrac{57+(83\times 57)}{57}=\dfrac{57\times(1+83)}{57}=84$

（　B　）

11. 加布里埃尔(Gabrielle)打算读取她的电表的度数. 如图2,从左到右的标度盘中的数字分别表示10 000kW·h,1 000 kW·h,100 kW·h,10 kW·h,1 kW·h的倍数.

图2

正确的读数是(　　).

A. 18 752 kW·h　B. 18 753 kW·h　C. 19 862 kW·h

D. 29 852 kW·h　E. 29 862 kW·h

解　加布里埃尔读出:万位数指针处于1和2之间,千位数指针处于8和9之间,百位数指针处于7和8之间,十位数指针处于5和6之间,个位数指针达到2.在每个表盘上都取较小的数字,得到18 752 kW·h.

（　A　）

12. 食品包装袋的营养说明上写着:早餐用麦片每30 g含有纤维质2.8 g,纤维质在麦片中所占的百分数最接近于(　　).

A. 1%　　B. 5%　　C. 10%

D. 28%　　E. 30%

解　每30 g麦片中有2.8 g纤维质. 为了把这一比例表示为百分数,我们需要知道每100 g麦片中有多

少克纤维质,它是

$$2.8 \times \frac{100}{30} = \frac{280}{30} = \frac{28}{3} = 9\frac{1}{3}$$

在提供的答案中,这个数最接近于 10%. (C)

13. 在图 3 中,最大的角是( ).

A. 135° B. 120° C. 116°

D. 130° E. 125°

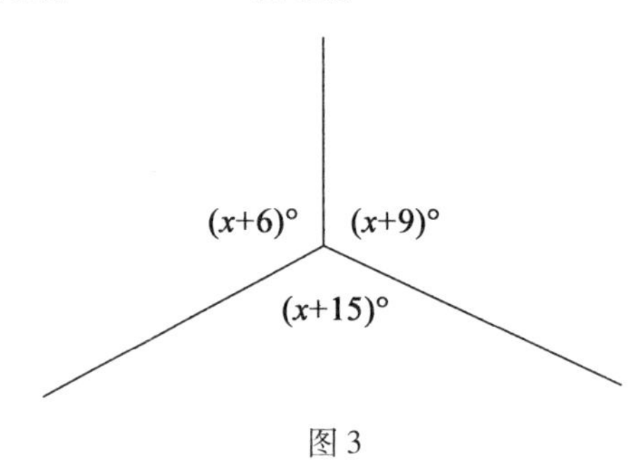

图 3

解 图 3 中的三个角之和必定为 360°,即

$$(x+6)^\circ + (x+9)^\circ + (x+15)^\circ = 360^\circ$$

即 $3x + 30 = 360$,即 $x = 110$. 因此,最大的角是 $110^\circ + 15^\circ = 125^\circ$. (E)

14. 十个数之和是 2 624. 如果把这十个数中的一个数由 456 变为 654,则新的和是( ).

A. 2 168 B. 2 426 C. 3 278

D. 2 812 E. 2 822

解 十个数之和增加 $654 - 456 = 198$. 因此新的和是 $2\ 624 + 198 = 2\ 822$. (E)

15. 你从老师那里得到你的成绩单,上面写着$\frac{58}{84}$,

那么按百分数计，你得了多少分（最接近的整数）？（　　）.

A. 58分　　B. 84分　　C. 69分

D. 70分　　E. 75分

解　$\frac{58}{84}\times 100=\frac{5\,800}{84}=\frac{1\,450}{21}=69\frac{1}{21}$，最接近于69.　　（ C ）

16. 在我的口袋中有2澳元，1澳元，50分，20分，10分和5分的硬币共计46.20澳元，各种硬币的个数相等．每种硬币的个数是（　　）.

A. 10个　　B. 11个　　C. 12个

D. 13个　　E. 14个

解　每种硬币各取1枚，其值共为3.85澳元，46.2澳元是3.85澳元的12倍．因此，答案是12个.　（ C ）

17. 我想用80多块正方形碎布片（各块之间连接时没有重叠部分）做一条拼花被单，这些布片每边长为20 cm，如果做成的拼花被单可以折叠成1.2 m宽的长方块放在床上，则该拼花被单的最小长度（以米为单位）是（　　）.

A. 2.6 m　　B. 2.8 m　　C. 3.0 m

D. 3.2 m　　E. 3.4 m

解　注意：拼花被单的宽为1.2 m，正好可以放下6块布片．我想用80多块布片．大于80的最小的6的倍数是84，即6×14. 因此，我做成的拼花被单在长的方向上应当放14块布片，它的长是14×0.2 m，即2.8 m.

（ B ）

18. 牛顿(Newton)先生把他班级的学生分成每4人一组,则余2人;分成每5人一组,则余1人,如果他的班级有15个女生,而女生人数比男生人数多,那么他们班级的男生人数是(　　).

A. 7人　　B. 8人　　C. 9人

D. 10人　　E. 11人

解　牛顿先生班级里学生人数至少是15人,至多是29人,在这个范围内被4除余数为2的数是18,22和26. 其中只有26被5除余数为1. 因此,男生人数是 $26-15=11$.　　(E)

19. 把五个不同颜色的复活节彩蛋完全分配给戴维(David)和尼科尔(Nicole)二人. 在分配时不能把彩蛋剖开,而且每人至少得到一个彩蛋. 试问有多少种不同的分配方式?(　　).

A. 5种　　B. 25种　　C. 30种

D. 31种　　E. 28种

解　把五个彩蛋分配给两人,且不能把彩蛋剖开,存在 $2^5=32$ 种方式(对于五个彩蛋中的每一个彩蛋有两种分配方式). 从中必须减去两种方式,即一个人得到全部五个彩蛋的情况(戴维5个、尼科尔0个和戴维0个、尼科尔5个),剩下 $32-2=30$(种)方式.

(C)

20. 一个长方形被割分成四个小矩形,如图4所示. 已知矩形 P,Q,R 的面积(以 cm^2 为单位)分别为2,4和6. 原矩形的面积是(　　).

A. 24 cm^2　　B. 16 cm^2　　C. 8 cm^2

D. 20 cm^2　　　　E. 条件不足

P	Q
R	

图4

解　设矩形 P 的宽为 x，高为 y，如图5所示．因此矩形 Q 的宽为 $2x$（因为它的高与 P 相同，而它的面积是 P 的2倍），类似地，矩形 R 的高为 $3y$．于是整个矩形的面积是 $3x \cdot 4y = 12xy$，即 P 的面积的12倍，为24 cm^2．

	x	$2x$
y	P	Q
$3y$	R	

图5　　　　　　　　（　A　）

21. 设 x 和 y 是1和9之间的整数（包括1和9），则 $9\ 826 + 71x + 2y$ 的值包含多少个数字（可以相同）？（　　）．

A. 4个　　　　B. 5个　　　　C. 6个

D. 与 x 的值有关（但与 y 无关）

E. 与 x 和 y 的值都有关

解　如果 $x = 1$ 或 $x = 2$，那么原式的值不可能大于 $9\ 826 + 71 \times 2 + 2 \times 9 = 9\ 986$（当 $x = 2, y = 9$ 时的值），因此包含4个数字．当 $x \geqslant 3$ 时，和式的值至少是 $9\ 826 + 71 \times 3 + 2 \times 1 = 10\ 041$（当 $x = 3, y = 1$ 时的值），包含5个数字，与 y 的值无关．因此，和式的值

包含的数字个数不受y值的影响,而仅仅依赖于x的值.

(D)

22. 如图6,在标准的8×8的棋盘(带有黑白相间的正方形格子)上,有204个正方形(64个1×1的正方形,49个2×2的正方形,等等).试问有多少个这样的正方形,其中每个正方形的面积黑白各占一半?(　　).

A. 120个　　B. 140个　　C. 102个

D. 84个　　E. 83个

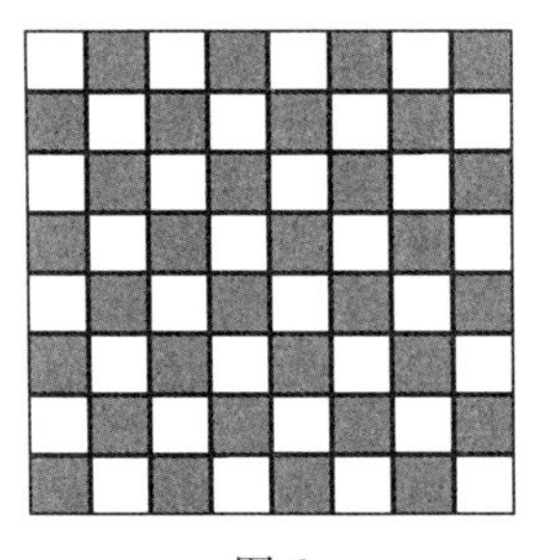

图6

解　所要求的那些正方形的边长应当是偶数,即49个2×2的正方形,25个4×4的正方形,9个6×6的正方形,1个8×8的正方形,共有$49+25+9+1=84$(个).

(D)

23. 在一次数学测验中有6道题,每道题可能得到0分、1分、2分或3分.在这次测验中,得18分,只有1种方式;得17分,有6种方式.试问得16分有几种方式?(　　).

A. 6种　　B. 12种　　C. 15种

D. 21种　　　　E. 42种

解　16分可由(1)五个3分和一个1分,或者(2)四个3分和两个2分构成. 对情况(1),有6种方式(每个问题1种方式). 对于情况(2),得到16分的方式数目等于从6个对象(问题)中选取2个对象的方式数目. 选取第一个问题有6种方式,选取第二个问题有5种方式,共有$6\times5=30$种方式,但是不计选取的次序,这个数目应当除2,即有15种方式. 因此,为了得到16分,总共有$6+15=21$种方式.　(　D　)

24. 在某一学校,星期一有15个学生缺席,星期二有12个学生缺席,星期三有9个学生缺席,如果在这三天至少有一天缺席的学生有22人,那么在这三天都缺席的学生最多有几人?(　　)

A. 5人　　　　B. 6人　　　　C. 7人

D. 8人　　　　E. 9人

解　三天都缺席的学生最多不能是8人,因为如果是8人的话,在星期一其他缺席的学生只有$15-8=7$(人),在星期二只有$12-8=4$(人),在星期三只有$9-8=1$(人),即总共只有$8+7+4+1=20$(人). 最多7人是可能的. 这样,在星期一其他缺席的学生有$15-7=8$(人),在星期二有$12-7=5$(人),在星期三有$9-7=2$(人),即总共有$7+8+5+2=22$(人).

(　C　)

25. 老板在不同时间交给她的秘书一些信要求打字. 老板把这些信放在文件筐中,每次放一封,次序为1,2,3,4,5,6;秘书在完成其他任务之间的空余时间每次从上面取一封信来打字. 试问下面哪一个次序不可能是秘书打字的次序?(　　).

A. 1,2,3,4,5,6　B. 1,2,5,4,3,6　C. 3,2,5,4,6,1

D. 4,5,6,2,3,1　E. 6,5,4,3,2,1

解　A是可能的,如果秘书在收到第一封信时,随即开始打字了. B是可能的,如果秘书在收到信1和2时,随即开始打字了,而在收到信3,4和5以后才打这三封信,最后打信6. C是可能的,如果秘书收到信1,2和3以后,打完信3和信2,而在打信1以前收到了信4和信5,在打完这两封信后,才收到信6. D是不可能的,因为首先要打信4,所以信1,2,3,4必须已经放在文件筐中,这就不可能先打信2,后打信3. E是可能的,如果在秘书开始打字以前,6封信都已经放在文件筐中了.　　(　D　)

26. 我们要写出这样一串字母,即其中包含P和Q的一切可能的三个字母组合(也就是说,它必须包含下列字母组合:PPP,PPQ,PQP,QPP,PQQ,QPQ,QQP和QQQ). 例如,长度为18个的一串字母

$$PPPPQPQQPPQPQQPQQQ$$

就符合上述要求. 这样的一串字母最短长度为多少个?(　　).

A. 8　　B. 10　　C. 12

D. 16　　E. 18

解　因为在所写的这串字母中有8个不同的三个字母组合,所以在这串字母中对于每个三个字母组合的左边一个字母必须有8个不同位置,再加上两个

字母构成最后一个三个字母组合．因此，这串字母最少要有10个字母，例如，$PQQQPQPPPQ$ 就是这样的一串字母． （ B ）

27．有连在一起的16张邮票，如图7所示，要挑选出相连的三张邮票，试问有多少种不同的方式？（ ）．

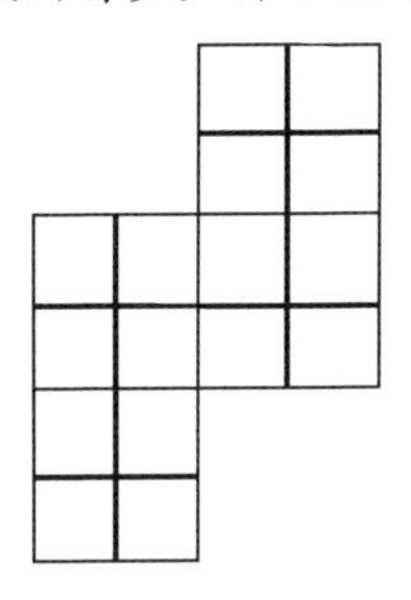

图7

A. 41　　B. 40　　C. 42

D. 35　　E. 44

解　如图8，我们分别数一数挑选下列各种形状的相连的三张邮票的不同方式的数目：

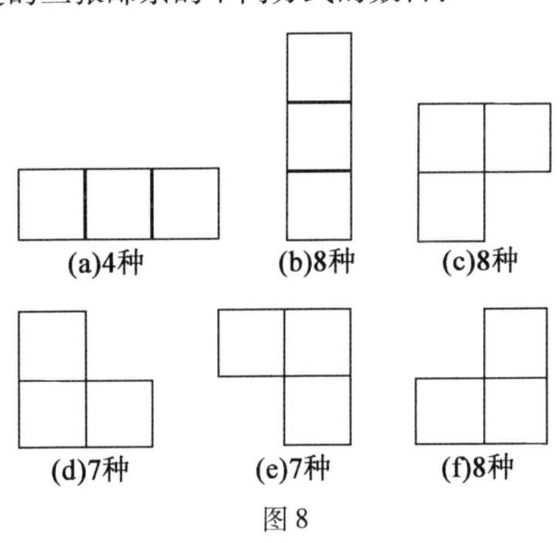

图8

总共有 $4+8+8+7+7+8=42$ 种. (C)

28. 一个班学生有 19 人,每天早晨集合时要一个挨着一个地站成一列,他们希望每天排队时任何人旁边的同学都不相同,也就是说,在一天早晨挨着站的两个同学在下一天早晨以及以后各天早晨都不再挨着站. 他们这样排队最多可能持续多少天?( ).

A. 6 天　　B. 9 天　　C. 10 天

D. 7 天　　E. 8 天

解　给学生编号:1,2,…,19. 对于任何一个指定的数,在每次排队时它两边的数都应与以前的不同:除了这个数以外,还有 18 个即 9 对其他的数,所以可以持续 9 天. 在这 9 天中,得到 9 列数,共有 18 个首尾位置,所以至少有一个数从未排在首尾位置上. 因此,至少有一个学生已经同他的 18 个同学挨着站过. 所以这样排队不可能持续到 10 天,例如,这样一个方案是:

第一天:1,2,3,…,19;

第二天:1,3,5,…,19,2,4,6,…,18;

第三天:1,4,7,10,13,16,19,3,6,9,12,15,18,2,5,8,11,14,17;

如此等等,直到

第九天:1,10,19,9,18,8,17,7,16,6,15,5,14,4,13,3,12,2,11. (B)

29. 如图 9 所示一个网球场,其中有多少个长方形?( ).

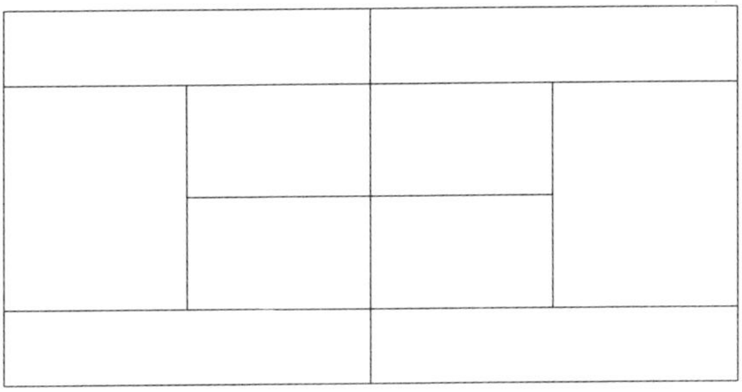

图9

A. 19个　　B. 29个　　C. 23个

D. 30个　　E. 31个

解　图10中已标号的顶点是各长方形左上角的顶点：

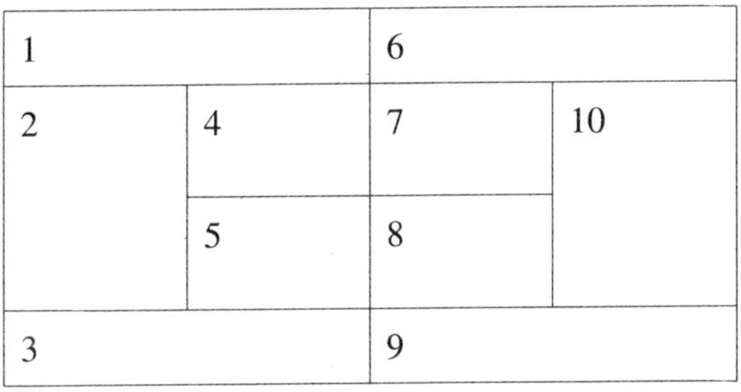

图10

这时，我们可以数出与每个标号顶点相关的长方形的个数（表1）：

表1

顶点标号	长方形的个数
1	6
2	6

续表 1

顶点标号	长方形的个数
3	2
4	5
5	2
6	3
7	4
8	1
9	1
10	1
总数	31

(E)

第 5 章　1996 年试题

1. $14-1.4$ 等于(　　).

A. 11.6　　B. 12.8　　C. 13.6

D. 11.8　　E. 12.6

解　$14-1.4=12.6.$　　(　E　)

2. $\frac{1}{3}$ 的 $\frac{1}{2}$ 等于(　　).

A. $\frac{1}{2}$　　B. $\frac{1}{5}$　　C. $\frac{3}{2}$

D. $\frac{1}{6}$　　E. $\frac{2}{5}$

解　$\frac{1}{3}$ 的 $\frac{1}{2}$ 等于 $\frac{1}{2}\times\frac{1}{3}=\frac{1}{6}$　　(　D　)

3. 如图 1 所示,矩形的周长是(　　).

图 1

A. 7 cm　　B. 10 cm　　C. 11 cm

D. 12 cm　　E. 14 cm

解　周长是 $4+3+4+3=14$ (cm).

(E)

4. 12^2-10^2 等于(　　).

A. 2　　B. 4　　C. 8

D. 22　　E. 44

解　$12^2-10^2=144-100=44$.　　(E)

5. 在图 2 中,x 等于(　　).

A. 75　　B. 80　　C. 85

D. 90　　E. 95

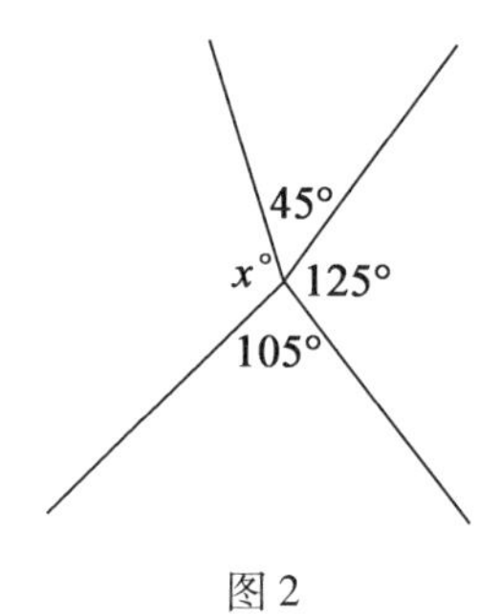

图 2

解　$x+45+105+125=360$,于是 $x=360-275=85$.　　(C)

6. 托尼(Tony)生于 1947 年,1996 年生日那一天他的岁数是(　　).

A. 41　　B. 47　　C. 49

D. 51　　E. 59

解　1948 年他 1 岁,1949 年他 2 岁,依此类推,1996 年他的岁数是 $1\,996-1\,947=49$.　　(C)

7. 一辆自行车售价为:付现款,售价249澳元,或者分四个月付款,每月付65澳元,付现款比分期付款节省多少澳元?(　　).

A. 11澳元　　B. 21澳元　　C. 31澳元

D. 111澳元　　E. 184澳元

解　四个月共计付款$4\times 65=260$. 因此,付现金节省$260-249=11$(澳元).　　(　A　)

8. 图3中每个圆的面积是1 cm^2,任何一对相交圆重叠部分的面积是$\frac{1}{8}cm^2$,五个圆覆盖区域的总面积是(　　).

A. 4　　B. $4\frac{1}{2}$　　C. $4\frac{3}{8}$

D. $4\frac{7}{8}$　　E. $4\frac{3}{4}$

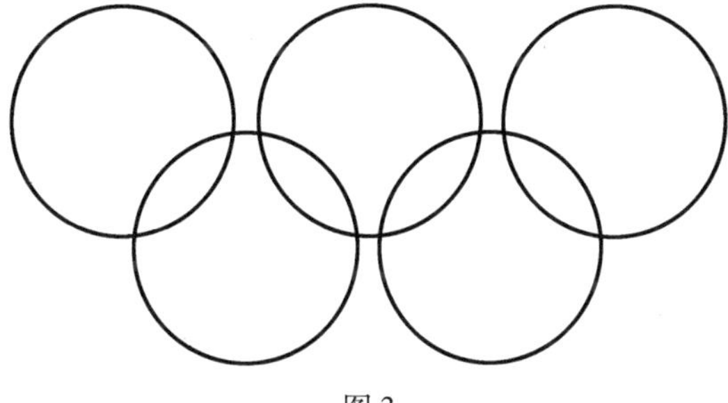

图3

解　总面积A由下式给出

$$A=5\text{个圆的面积}-\text{重叠部分的面积}$$

$$=5-(4\times\frac{1}{8})=5-\frac{1}{2}=4\frac{1}{2}$$

(　B　)

9. $7x-5+7-5x$ 等于(　　).

A. $2x-4$　　B. $2x-2$　　C. $2x+2$

D. $2x-6$　　E. $2-2x$

解　$7x-5+7-5x=2x+2$.　　　(C)

10. 在图 4 中,x 的值是(　　).

A. 50　　B. 55　　C. 60

D. 65　　E. 70

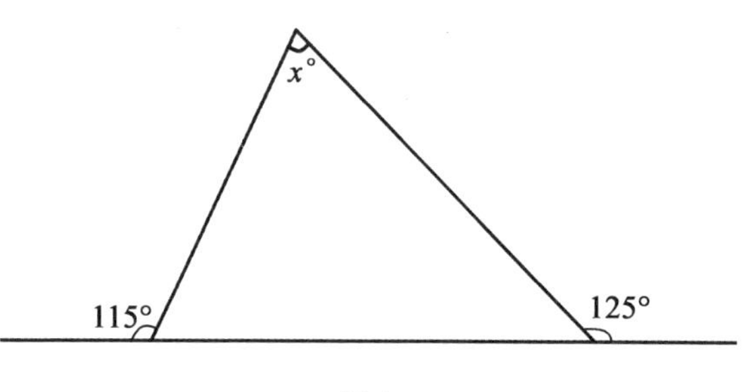

图 4

解　如图5,由补角以及三角形内角之和的性质,我们有$x+65+55=180$. 于是 $x=60$.

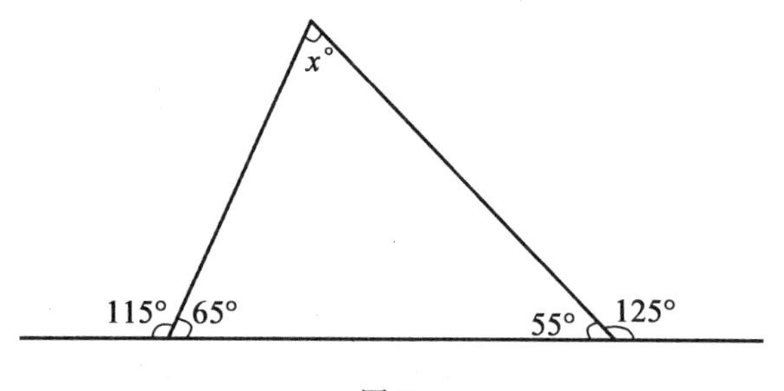

图 5

(C)

11. 一次马拉松赛跑从上午 11:30 开始,冠军在当

天下午 1:47 达到终点．冠军所用的时间(以分计)是(　　)．

A. 117 min　　B. 137 min　　C. 177 min

D. 217 min　　E. 237 min

解　午前的时间是 30 min，午后的时间是 107 min，冠军所用的时间是 137 min.　　(　B　)

12. 一个矩形的周长是 24 cm，长为宽的二倍，它的面积是(　　)．

A. 24 cm^2　　B. 16 cm^2　　C. 20 cm^2

D. 12 cm^2　　E. 32 cm^2

解　因为长是宽的二倍，所以周长等于宽的 6 倍，于是宽是$\frac{24}{6}=4$ (cm)，而长是 8 cm. 因此矩形的面积是 $8\times 4=32$ (cm^2)．　　(　E　)

13. 大家都知道，一只正常的猫有 18 只爪，每条前腿 5 只爪，每条后腿 4 只爪．在哈里(Harry)伤残猫之家有四只三条腿的猫，其中每只猫失去的腿都不相同．试问他们共有多少爪?(　　)．

A. 64　　B. 69　　C. 52

D. 54　　E. 68

解　这四只猫失去的腿各不相同，相当于失去了一只正常猫的四条腿，因此它们共有的爪数与三只正常猫的爪数相同，即 $3\times 18=54$.　　(　D　)

14. 艾尔萨(Ailsa)行进一步的距离是$\frac{1}{2}$m. 如果

她以这种方式行进:向前进两步,向后退一步,那么她至少需要进多少步才能达到 20 m 远的地点?

A. 116 步　　B. 119 步　　C. 118 步

D. 120 步　　E. 124 步

解　艾尔萨进 3 步后达到$\frac{1}{2}$m 处,进 6 步以后达到 1 m 处,依此类推,这样,她进$6\times19=114$(步)以后达到 19 m 处,由此她再向前进两步即可达到 20 m 处,$114+2=116$ 步.　　(　A　)

15. 一个纸制的牛奶盒,底面为 7 cm × 7 cm 的正方形,边棱垂直于底面,其中装有 1 L 的牛奶,牛奶的深最接近于(　　).

A. 18 cm　　B. 20 cm　　C. 22 cm

D. 24 cm　　E. 26 cm

解　牛奶盒的体积为 $V=s^2h$,其中 s 是正方形底面的边长,h 是高. 1 L = 1 000 mL = 1 000 cm^3. 因此

$$7\times7\times h=1\,000$$

$$h=\frac{1\,000}{49}$$

$$\approx\frac{1\,000}{50}=20$$

(　B　)

16. 在一次校长选举中,五位候选人共获得 320 张选票. 获胜者比其他四位候选人分别多得 9,13,18 和 25 张选票. 获得选票最少的一位候选人所得票数是(　　).

A. 48 张　　B. 49 张　　C. 50 张

D. 51 张　　E. 52 张

解　如表 1,假设获胜者得到 x 张票,则:

表 1

候选人	1	2	3	4	5
得票数	x	$x-9$	$x-13$	$x-18$	$x-25$

于是

$$5x-65=320$$
$$5x=385$$
$$x=77$$

因此,获得选票最少的一位候选人所得票数是 $77-25=52$(张).　　(E)

17. 一张公共汽车票,长为 m cm,宽为 n cm,玛丽(Mary)乘车时把她的票折叠了,折痕如图 6 所示,其中四条折痕把四个顶角平分了,长度 p 是(　　).

A. $m-0.5n$　　B. $m-2n$　　C. $m-n$

D. $m-\sqrt{2}n$　　E. $\sqrt{2}(m-n)$

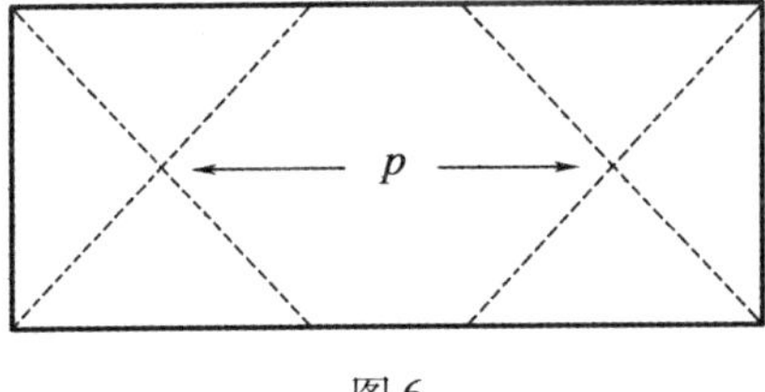

图 6

解　如图 7,因为折痕的交点处在边长为 n 的正方形的中心,所以距离 p 由下式给出

$$p = m - \left(2 \times \frac{n}{2}\right) = m - n$$

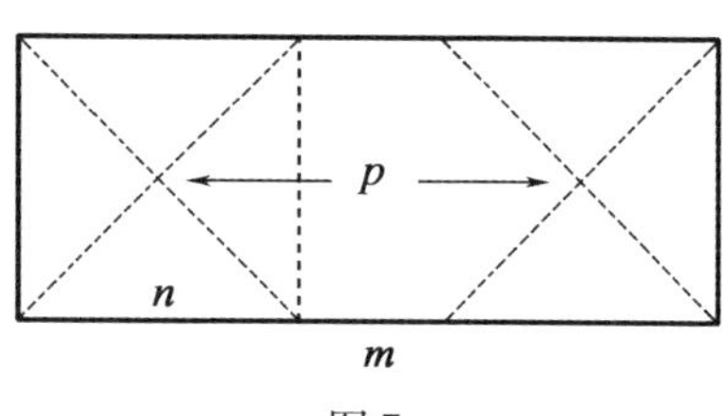

图7

(C)

18. 10 个学生参加一次考试，这次考试满分是 100 分. 在这次考试中 10 个学生所得分数的平均值是 92 分. 试问一个成绩最差的学生可能得到的最低分是多少?( ).

A. 20 分　　B. 90 分　　C. 92 分

D. 40 分　　E. 0 分

解　只有 9 个学生都得满分，即共得 900 分，一个成绩最差的学生才能得到最低分 x，这时，有

$$\frac{900 + x}{10} = 92$$

即 $x = 20$.　　(A)

19. 巴纳比(Barnaby)用电脑来拷贝音乐. 为了达到光盘质量，对于每秒钟的音乐，要求储存 175 000 个字节(byte). 电脑新硬盘的容量是 1 000 000 000 字节，试问他能拷贝大约多长时间的音乐?

A. 10 秒　　B. 1 分　　C. 10 分

D. 100 分　　E. 10 小时

解　他能储存的音乐量是

$$\frac{1\ 000\ 000\ 000}{175\ 000} = \frac{1\ 000\ 000}{175 \times 60} = \frac{100\ 000}{1\ 050} \approx 100(\text{分})$$

(D)

20. 传统拼花被单是由一些正方形和等腰直角三角形的布片拼接而成的,如图 8 所示,其中有阴影部分的面积是整个拼花被单面积的(用小数表示)(　　).

A. 0.36　　B. 0.4　　C. 0.45

D. 0.48　　E. 0.5

图 8

解　拼花被单是一个正方形,它的面积是 $5 \times 5 = 25$ 平方单位. 数一数带阴影的直角三角形的个数(每个是小正方形的一半),我们一共得到 20 个,它们的面积是 10 平方单位. 因此,有阴影部分的面积是整个拼花被单面积的 $\frac{10}{25} = 0.4$.　(B)

21. 一个果园工人把 560 个橘子装进 46 个麻袋中,大麻袋装 20 个,小麻袋装 8 个. 大麻袋的个数介于下列哪两个数之间?(　　).

A. 10 和 14　　B. 14 和 18　　C. 18 和 24

D. 24 和 30　　E. 30 和 34

解　设大麻袋的个数为 x,则小麻袋的个数为 $46-x$,于是

$$20x+8\times(46-x)=560$$
$$20x+368-8x=560$$
$$12x=192$$
$$x=16$$

(B)

22. 行星斯默思(Smurth)大范围变暖致使其海平面上升 35 m. 每当大气中二氧化碳的体积分数增加 3 个百分点(例如,从 5% 到 8%,或者从 10% 到 13%),行星的平均温度增加 5℃,每当平均温度增加 3 ℃,海平面上升 5 m. 大气中二氧化碳的体积分数增加多少个百分点,才会使得海平面上升 35 m?(　　).

A. 12.6　　B. 10　　C. 8.5

D. 21　　E. 15

解　海平面上升 1 m,温度需要增加 $\frac{3}{5}$℃,因而大气中二氧化碳的含量需要增加 $\frac{3}{5}\times\frac{3}{5}$. 因此,为使海平面上升 35 m,大气中二氧化碳的含量需要增加的百分点是(　　).

$$35\times\frac{3}{5}\times\frac{3}{5}=\frac{7\times 9}{5}=12.6$$

(A)

23. 用 2,3,4,5 和 6 这五个数字能构成多少个大于 4 000 的数，在一个数中每个数字至多出现一次？(　　).

A. 120　　B. 138　　C. 144

D. 156　　E. 192

解　在这些数中有以 4,5 和 6 起首的四位数和由这五个数字组合而成的任何五位数. 对于四位数，千位数字可以是 4,5,6 中的任何一个，百位数字可以是其余的四个数中的任何一个，如此等等，于是得到 $3\times4\times3\times2=72$(个). 对于五位数，万位数字可以是这五个数字中的任何一个，千位数字可以是其余四个数字中的任何一个，如此等等，于是得到 $5\times4\times3\times2\times1=120$(个)，总共有 $72+120=192$(个).　(　E　)

24. 一位油漆匠站在梯子的一阶上，他看出在他所站一阶下面的阶数是上面的阶数的两倍. 当下降 8 阶以后，在他所站一阶下面的阶数与上面的阶数相等. 梯子的阶数是(　　).

A. 27　　B. 31　　C. 32

D. 48　　E. 49

解法 1　设梯子有 $n+1$ 阶，则

$$\frac{2n}{3}-8=\frac{n}{2}$$

$$4n-48=3n$$

$$n=48$$

$$n+1=49$$

所以梯子有 49 阶.

解法 2 从梯子的 $\frac{2}{3}$ 到 $\frac{1}{2}$ 通过了阶数 $\left(\frac{2}{3}-\frac{1}{3}\right)=\frac{1}{6}$,为 8 阶. 所以,8 是阶数(除了他所站的一阶以外)的 $\frac{1}{6}$. 因此,梯子有 $(6\times8)+1=49$ 阶.

(E)

25. 在 5×5 的正方形中,排列着数 1,2,3,4,5,使得每个数在每行中恰好出现一次,在每列中也恰好出现一次. 在图 9 所示的 5×5 的正方形中,写着 x 的空格中的数应当是(　　).

1	2			
				1
	x	4		
2		5		
	5			4

图 9

A. 1　　B. 2　　C. 3

D. 4　　E. 5

解法1 第一行中的第三个空格必定是3,因而第三列应当是3,2,4,5,1 最后一行是3,5,1,2,4. 现在,第一列是1,4,5,2,3. 在最后一列中,2 只能放在第三个空格,而第二列应当是2,3,1,4,5,所以 $x=1$.

解法2 左下角的空格必定是3. 假设x不是1,那么它必定是3,因为它上面有 2,下面有 5,右面有 4. 这

时,x左面的数必须是5,结果第二列中有两个4,这是不允许的,因而x必定是1.　　　　　　　　(　A　)

注　这种解法没有用到中间一行给出的数5.如果没有给出这个数,则这个空格中有两种填写方式.请读者验证.

26. 在一个很小的城市电话号码只有两位数字,可以取从数00至99的所有的数,但是这些数并未完全使用.如果把一个使用的数的两个数字交换位置,那么所得的数或者保持不变,或者成为一个未使用的数,试问这个城市使用的电话号码最多有多少个?(　　).

A. 少于45　　B. 45　　C. 在45和55之间

D. 55　　E. 多于55

解　一个电话号码必为下列类型之一:

(1) 一对相同的数字;

(2) 一对不同的数字.

类型(1)的电话号码有10个,并且都可以使用.类型(2)的电话号码有$10 \times 9 = 90$个,有一半可以使用(号码ab,交换数字后成为ba),总共有$10 + 45 = 55$个.　　　　　　　　(　D　)

27. 有多少个正整数x,使得x和$x + 99$都是完全平方数?(　　).

A. 1　　B. 2　　C. 3

D. 49　　E. 99

解　设$x = r^2$和$x + 99 = n^2$,则

$$r^2 + 99 = n^2$$

$$99 = n^2 - r^2$$
$$= (n+r)(n-r)$$

又 $99 = 1 \times 3 \times 3 \times 11$
$= 9 \times 11$,或者 3×33,或者 1×99

即对于 n 和 $r(n > r)$,只存在3种可能情况,它们是 $n = 10, r = 1; n = 18, r = 15$ 以及 $n = 50, r = 49$. 因此存在3个 $x(=r^2)$ 的值,即1,225和2 401.

(C)

28. 菱二十 - 十二面体(rhombicosidodecahedron)是一个半正62面体,其中20个面为等边三角形,30个面为正方形,12个面为正五边形. 这个多面体有多少个棱?( ).

A. 60个　　B. 120个　　C. 240个

D. 230个　　E. 115个

解　所有面上的棱的总数是

$$(20 \times 3) + (30 \times 4) + (12 \times 5) = 240$$

但是每一个棱都计算了两次,因为它恰好出现在两个相邻的面上. 因此,实际的棱数是120. (B)

29. 设 $x = \frac{18m+1}{n}$. 对于多少个小于19的正整数 n,能够找到一个正整数 m,使得 x 是正整数?( ).

A. 1　　B. 6　　C. 7

D. 8　　E. 9

解　给定

$$x = \frac{18m+1}{n}$$

考虑一个整数 p,它可被整数 q 整除,由此可知 p 可被 q 的一切因子整除.

如果 p 可被 $q \neq 1$ 整除,则 $p+1$ 不可被 q 整除,也不可被 q 的任何因子($q>1$)整除,考虑 $18m$. 它可被 18 以及 18 的一切因子整数,所以 $18m+1$ 不可被 18 以及 18 的一切因子整除. 因此我们可以排除与 18 具有公因子的一切整数值 n, 即 2,3,4,6,8,9,10,12,14,15,16 和 18. 结果只剩下 6 种可能性:1,5,7,11,13 和 17.

对于 $n=1$,任何整数值 m 都会使得 x 为一整数.

对于 $n=5$ 和 $m=3$,得到 $x=11$,为一整数. 因此,至少存在两个 n 值,所以唯一的可能性是6.

(　B　)

注　上述6个可能的 n 值,均可得以验证.

$n=1$ 和 $n=5$,上面已经讨论了;

$n=7, m=12$,得到 $x=31$;

$n=11, m=25$,得到 $x=41$;

$n=13, m=96$,得到 $x=133$;

$n=17, m=16$,得到 $x=16$.

第 6 章　1997 年试题

1. $123 + 321$ 等于(　　).

A. 246　　B. 642　　C. 333

D. 444　　E. 666

解　$123 + 321 = 444$.　　(　D　)

2. $3\frac{3}{4}$ h 等于多少分?(　　).

A. 220　　B. 225　　C. 245

D. 325　　E. 375

解　$3\frac{3}{4}$ h 等于 $3 \times 60 + \frac{3}{4} \times 60 = 225(\text{min})$.

(　B　)

3. $(1\,997 + 1\,997) \times 50$ 等于(　　).

A. 99 850　　B. 198 500　　C. 399 400

D. 199 800　　E. 199 700

解

$$\begin{aligned}(1\,997 + 1\,997) \times 50 &= 1\,997 \times 2 \times 50 \\ &= 1\,997 \times 100 \\ &= 199\,700\end{aligned}$$

(　E　)

4. 在图 1 中,x 等于(　　).

A. 112　　B. 48　　C. 58

D. 122　　E. 132

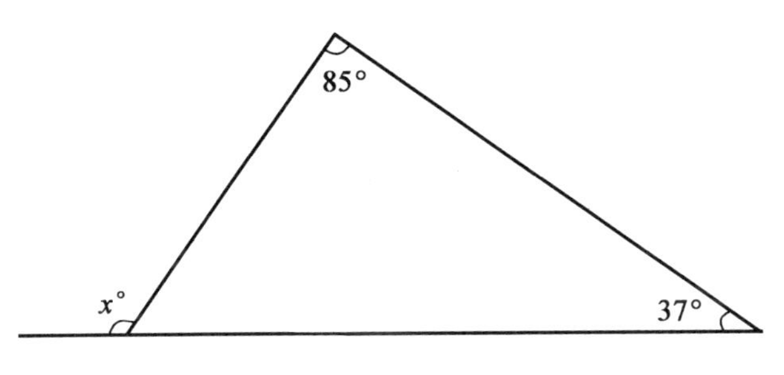

图 1

解　三角形的一个外角等于两个不相邻的内角之和,故 $x = 85 + 37 = 122$.　(D)

5. $0.2 \times 0.3 \times 0.4$ 等于(　).

A. 0.024　B. 0.24　C. 0.009

D. 0.002 4　E. 2.4

解　$0.2 \times 0.3 \times 0.4 = \frac{2 \times 3 \times 4}{1\,000} = \frac{24}{1\,000}$

$= 0.024$.　(A)

6. 如果 $1\frac{1}{4}$ h 的演讲从上午 10:50 开始,那么这个演讲应在何时结束?(　).

A. 上午 12:05　B. 中午 12:05　C. 上午 11:05

D. 上午 11:15　E. 下午 1:05

解　上午 10:50 + 1 h15 min = 上午 11:50 + 15 min

= 中午 12:05

(B)

7. 在图 2 所在平面上有几个对称轴?(　)

A. 1 个　B. 2 个　C. 4 个

D. 6 个　E. 12 个

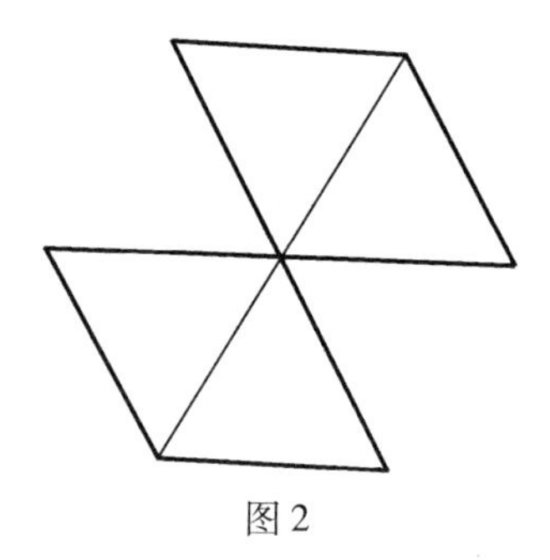

图 2

解 在图 3 所在平面上有两个对称轴,用虚线来表示. (B)

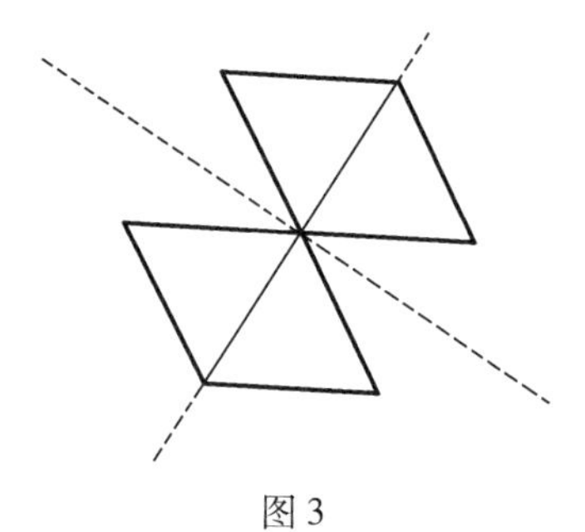

图 3

8. 下届奥林匹克运动会的主办者为自行车项目的决赛准备了 43 500 张票,当已经卖出 29 678 张时,还剩余多少张没有卖出?( ).

A. 14 822 张 B. 4 932 张 C. 3 822 张

D. 13 822 张 E. 14 922 张

解 剩下的票数是 $43\ 500 - 29\ 678 = 13\ 822$.

(D)

9. 在这次竞赛的 75 分钟内,钟表的时针扫过的角度是( ).

A. 27.5°　　　B. 30°　　　C. 32.5°

D. 35°　　　E. 37.5°

解　时针12 h扫过360°,因此75 min等于$1\frac{1}{4}$ h时针扫过

$$\frac{1\frac{1}{4}}{12}\times 360^\circ=\frac{5}{48}\times 360^\circ=\frac{75^\circ}{2}=37.5^\circ$$

(E)

10. 玛丽蔻(Mariko)买了一个标价为50澳元的收音机. 如果她得到5%的优惠,那么她实际付款为(　　).

A. 55澳元　　　B. 45澳元　　　C. 48澳元

D. 47.50澳元　　　E. 52澳元

解　优惠为50澳元的5%等于$\frac{1}{20}\times 50$澳元 = 2.50澳元,50 - 2.50 = 47.50,因此她实际付款为47.50澳元.　(D)

11. 从10到99,其两位数字之和等于9的数有多少个?(　　).

A. 9个　　　B. 10个　　　C. 18个

D. 90个　　　E. 99个

解　这些数是18,27,36,45,54,63,72,81和90,共9个.　(A)

12. 装有100个20分硬币的罐子质量为1 400 g. 如果空罐质量为230 g,那么一个20分硬币的质量最接近(　　).

A. 10 g　　B. 11 g　　C. 12 g

D. 13 g　　E. 14 g

解　罐子中硬币的总质量是1 400 - 230 = 1 170 (g). 因此,一个硬币的重量是$\frac{1\ 170}{100}$ = 11.7(g),最接近于12 g.

(C)

13. 在图4中,x的值是(　　).

A. 50　　B. 60　　C. 70

D. 90　　E. 130

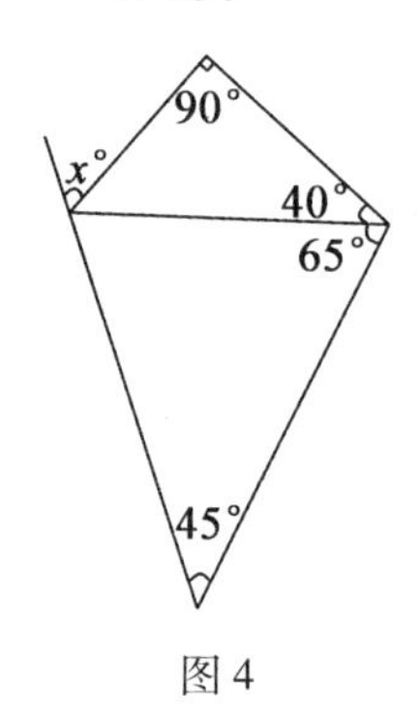

图4

解　由三角形内角和的性质,我们得知另外两个角为50°和70°. 因此,$x + 50 + 70 = 180$,$x = 60$.

(B)

14. 从悉尼(Sydney)直飞凯恩斯(Cairns),从起飞到着陆所用的时间是2 h40 min. 飞机上的广播告诉旅客飞行距离为1 968 km,在这次旅行中飞机的平均速度是(　　).

A. 738 km/h　　B. 744 km/h　　C. 755 km/h

D. 760 km/h　　E. 843 km/h

解　平均速度 $=\dfrac{1\ 968}{2\dfrac{2}{3}}=\dfrac{1\ 968\times 3}{8}=738\ (\text{km/h})$.

(A)

15. 我给我的猫买了一盒饲料．盒子为一长方体，其底面为 18 cm × 7 cm，饲料深度为 25 cm，如果我遵照厂家的建议，每天喂猫 1 杯(250 mL) 饲料，那么这盒饲料能喂多少天？(　　).

A. 10 天　　B. 12 天　　C. 14 天

D. 16 天　　E. 18 天

解　已知 1 mL = 1 cm^3，用这盒饲料喂猫可用的天数是

$$\frac{18\times 7\times 25}{250}=12.6(\text{天})$$

故能够喂 12 天.　　(B)

16. 洛杉矶(Los Angeles) 地方时间比悉尼晚 17 h，如果悉尼奥林匹克运动会篮球决赛是在星期三下午 4:30 开始，那么在洛杉矶的电视实况转播何时开始？(　　).

A. 星期二上午 10:30　　B. 星期三凌晨 1:30

C. 星期二晚上 11:30　　D. 星期三早上 5:30

E. 星期二上午 11:30

解　在洛杉矶开始转播的时间是星期三下午 4:30 减 17 h，即星期三早上 4:30 减 5 h，即星期二晚上 11:30.　　(C)

17. 一个长方形的面积为 600 cm^2,各边的长度均为 5 的倍数,试问满足上述条件的不同长方形共有几个?(　　).

A. 4 个　　B. 2 个　　C. 6 个

D. 3 个　　E. 多于 6

解　设边长为 $5x$ cm 和 $5y$ cm,则 $25xy = 600$, $xy = 24$. x 和 y 的不同值是(1,24),(2,12),(3,8),(4,6).　　(A)

18. 通过图 5 所示正方点阵中的两点或三点能画出多少条不同的直线?(　　).

A. 8 条　　B. 12 条　　C. 20 条

D. 24 条　　E. 36 条

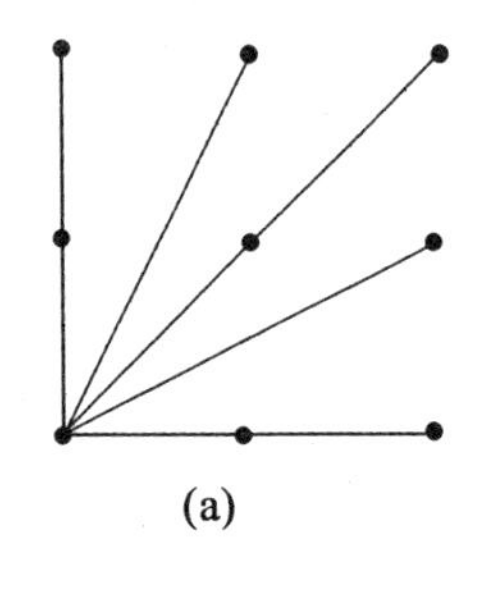
(a)

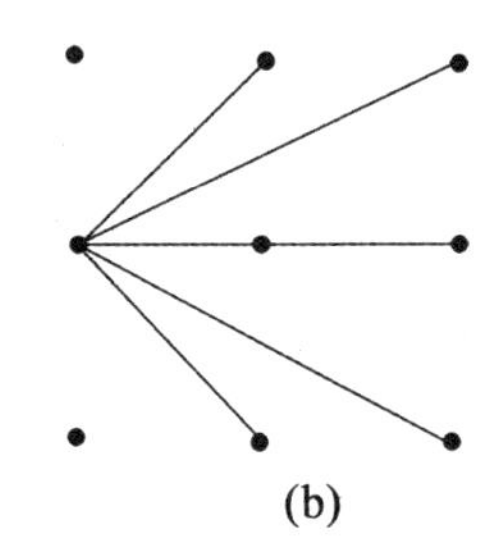
(b)

图 5

解　每个角点位于 5 条直线上,如图 5 所示.

两个角点之间的每个点(对角线的中点除外)位于 5 条直线上,不包括上面已经考虑过的通过两角点的水平直线和竖直直线. 通过对角线中点的所有直线上面都已考虑过了. 因此,共有 $4\times5+4\times5=40$(条)直线,其中每一条直线都计算了两次,所以实际上共有

20 条直线．　　　　　　　　　　　　　　　　(C)

19. 在 1990 年，澳大利亚政府决定下一个 10 年在澳大利亚种植 10 亿棵树．假如 10 亿棵树在这 10 年中是陆续均匀种植的，那么平均每秒种植多少棵树？(　　)．

A. 0. 03　　B. 0. 3　　C. 3

D. 30　　E. 300

解　1 年种植的棵 $= \dfrac{1\ 000\ 000\ 000}{10} = 10^8$

$$1\text{ 秒种植的棵} = \frac{10^8}{365 \times 24 \times 60 \times 60} \approx \frac{10^8}{400 \times 20 \times 4000} \approx \frac{10^8}{32 \times 10^6} \approx \frac{10^8}{3 \times 10^7} = \frac{10}{3} \approx 3$$

(C)

20. 把三支标枪掷向图 6 所示靶牌上把三个得分相加，未中靶者按 0 分计算．试问最小的不可能得到的总分是多少？(　　)．

A. 14 分　　B. 18 分　　C. 19 分

D. 22 分　　E. 30 分

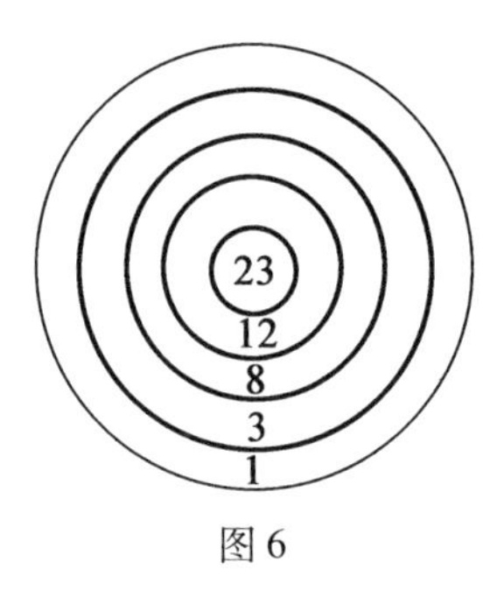

图 6

解　直到 21 的每个数都能得到,例如:14 = 8 + 3 + 3,15 = 12 + 3 + 0,16 = 8 + 8 + 0,17 = 8 + 8 + 1,18 = 12 + 3 + 3,19 = 8 + 8 + 3,20 = 12 + 8 + 0,21 = 12 + 8 + 1,但是,22 不能得到.　　(D)

21. 我为我孩子的婴儿床做了一张 120 cm × 80 cm 的床单,四周带有宽度相等的边饰,中间形成一个矩形,如图 7 所示,中间的矩形的尺寸可能是(　　).

A. 60 cm × 40 cm　　B. 90 cm × 60 cm

C. 80 cm × 40 cm　　D. 80 cm × 36 cm

E. 75 cm × 50 cm

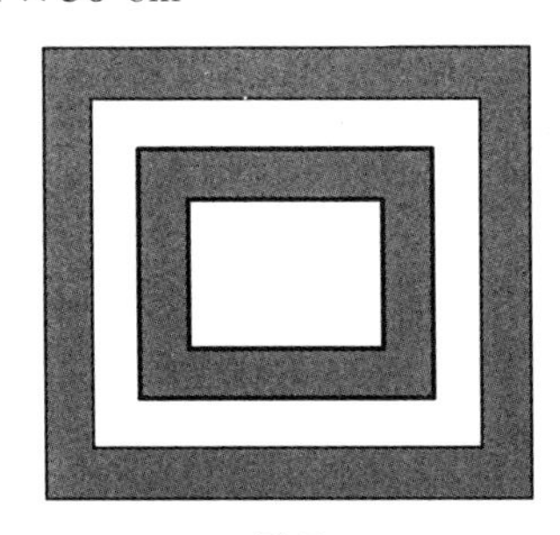

图 7

解　因为床单四周的边饰宽度相同,所以中间长

方形的尺寸必定具有下列形式

$$(120 - x)(80 - x)$$

满足这个要求的唯一可能的选择是 80 cm × 40 cm,其中 $x = 40$.　　　　　　　　　　　　　　(C)

22. 在从 110 到 120 的数中,除了一个数以外其余各类都能被写入一个数列

119,112,116,118,114,117,111,120,115,110

其中相继的第五对数都具有大于 1 的最大公因数,如果你用从31 到39 的数构造尽可能长的这种数列,那么将会剩下几个数?(　　).

A. 0 个　　　B. 1 个　　　C. 2 个

D. 3 个　　　E. 4 个

解　质数31 和37 不能包含在任何这样的数列当中,35 = 7 × 5 也不能,因为它与给定范围中的任何其他数都互质;所以只要找出所有其他数的一个数列即可. 这样一个数列是{32,34,38,36,33,39}. (D)

23. 在下列折纸图形中哪一个能够折成如图 8 所示的立方体?(　　).

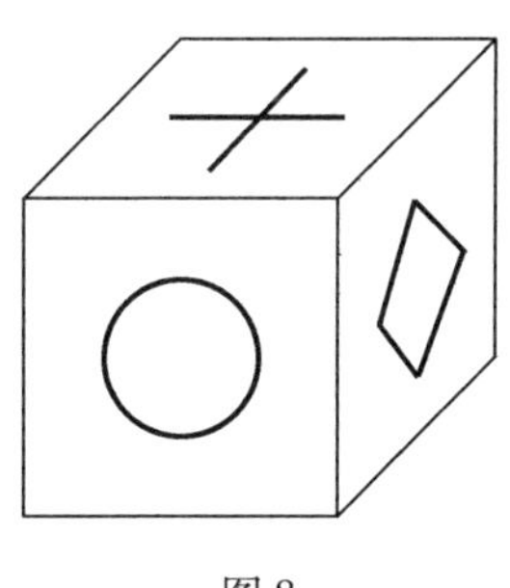

图 8

A. 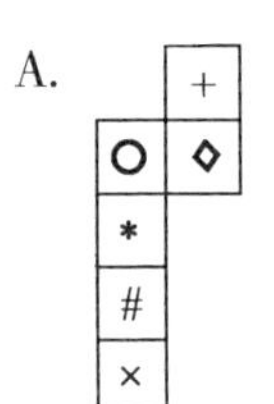
B. 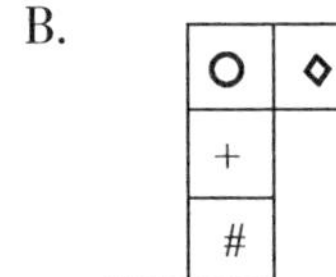
C. 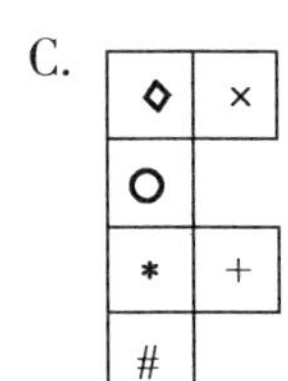

D. 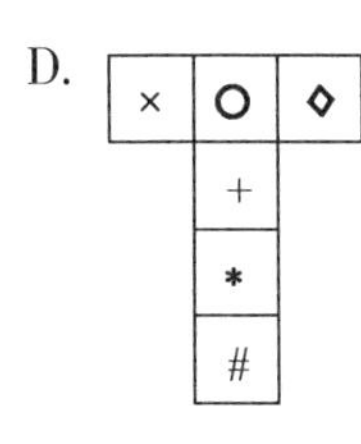
E. 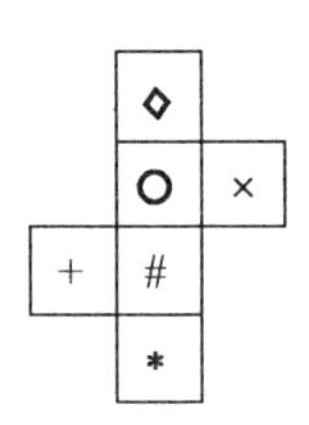

解 A 和 C 不能折成立方体.

B 和 D 都能折成立方体,但是 ◇ 所处位置不对.

E 能折成所要求的立方体. (E)

24. 在下列五个数中哪一个数不等于其他任何一个数?( ).

A. $\frac{1\,996}{1\,997}$ B. $\frac{996}{997}$ C. $\frac{1\,997\,996}{1\,998\,997}$

D. $\frac{19\,971\,996}{19\,981\,997}$ E. $\frac{996\,996}{997\,997}$

解 注意:一个 3 位数乘以 1 001,得到一个 6 位数,它的各位数字是把第一个数连着写两次,例如 $996\times1\,001=996\,996$,所以

$$\frac{996}{997}=\frac{996\times1001}{997\times1001}=\frac{996\,996}{997\,997}$$

于是 B = E. 此外 $1\,996\times1\,001=1\,997\,996$,所以

$$\frac{1\,996}{1\,997}=\frac{1\,996\times1\,001}{1\,997\times1\,001}=\frac{1\,997\,996}{1\,998\,997}$$

于是 A = C. 因此,不等于其他任何数的数是 D.　(D)

25. 设有25个标号筹码,其中每个筹码都标有从1到49中的一个不同的奇数,两个人轮流选取筹码,当一个人选取了标号为 x 的筹码时,另一个人必须选取标号为 $99-x$ 的最大奇因数的筹码,如果第一个被选取的筹码的编号为5,那么当游戏结束时还剩多少个筹码?(　　).

A. 19个　　B. 18个　　C. 17个

D. 16个　　E. 15个

解　被选取的筹码的编号为:5,47,13,43,7,23,19,然后应当是5,但是这个筹码已被取走,因此,被取走的筹码有7个,故剩下的筹码个数为 $25-7=18$(个).　(B)

26. 用4根火柴组成一个 1×1 的正方形,即单位正方形,用12根火柴组成一个 2×2 的正方形,并将其内部隔成单位正方形,如图9所示,若要组成 20×20 的正方形,其内部也隔成单位正方形,那么需要用多少根火柴?(　　)

A. 800根　　B. 820根　　C. 840根

D. 860根　　E. 880根

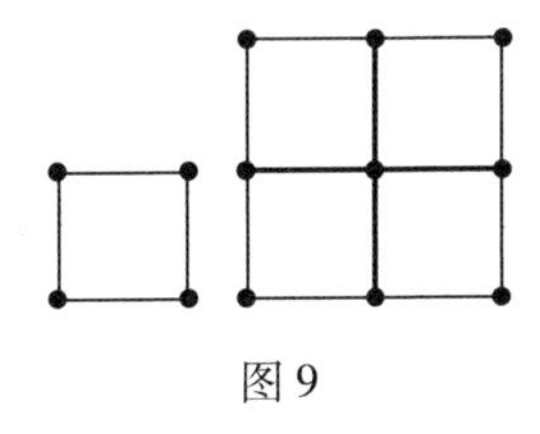

图9

解 20×20的正方形有21条水平线和21条竖直线,每一条线由20根火柴组成,所以总的火柴数是

$$(21+21)\times20=840(\text{根})$$

(C)

27. 一个$5\times5\times5$的立方体,在一个方向上开有$1\times1\times5$的孔,在另一个方向上开有$2\times1\times5$的孔,在第三个方向上开有$3\times1\times5$的孔,如图10所示,剩余部分的体积(以立方单位计)是(　　).

A. 95　　B. 99　　C. 100

D. 101　　E. 102

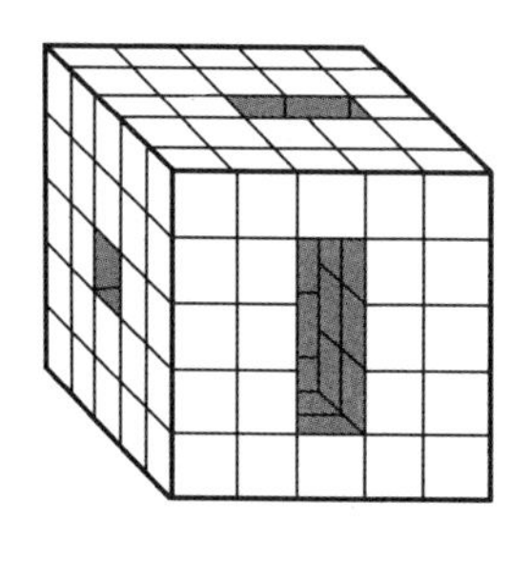

图10

解 $3\times1\times5$的孔去掉了15单位^3,$2\times1\times5$的孔又去掉了10(单位^3),$1\times1\times5$的孔又去掉5单位^3,总共去掉$15+10+5=30$(单位^3),$1\times1\times5$与$2\times1\times5$重合2立方单位,$2\times1\times5$与$3\times1\times5$重合3立方单位,因此,剩余部分的体积是$5\times5\times5-(30-2-3)=100$(单位^3).　　(C)

28. 萨拉(Sarah)、本(Ben)和路易丝(Louise)每人为他们的妈妈购买了一份生日礼物,并且商定把购

买这三份礼物的款数合起来,由三人平均负担,如果每人购买的礼物已经由本人付款,那么萨拉多付了1澳元,本少付了3澳元,而路易丝付了20澳元,这三份礼品款数的总和是(　　).

A. 54澳元　　B. 60澳元　　C. 66澳元

D. 48澳元　　E. 57澳元

解　设三份礼物款数的总和是$3x$,则萨拉已付款$(x+1)$澳元,本已付款$(x-3)$澳元,于是

$$(x+1)+(x-3)+20=3x$$

$$x=18$$

$$3x=54$$

即款数的总和是54澳元.　　　　(　A　)

29. 数119很奇特:

当被2除时,余数为1;

当被3除时,余数为2;

当被4除时,余数为3;

当被5除时,余数为4;

当被6除时,余数为5.

试问:具有这种性质的三位数字还有多少个?(　　).

A. 0个　　B. 1个　　C. 3个

D. 7个　　E. 14个

解　因为119是具有下列性质的一个数:

当用2除时,余数为1;

当用3除时,余数为2;

当用 4 除时,余数为 3;

当用 5 除时,余数为 4;

当用 6 除时,余数为 5.

所以具有同样性质的任何其他数都是与 119 相差 2,3,4,5 和 6 的最小公倍数,即 $2^2 \times 3 \times 5 = 60$ 的一个倍数的数. 因此,具有这种性质的三位数是 119,179,239,…,959,即共有 15 个. 或者这样来计算:因为 119 是具有这种性质的最小的三位数,所以我们想要求满足 $119 + 60n \leqslant 1\ 000$ 的最大的整数 n,即 $n = 14$.

(E)

30. 写出从 1 到 30(包括 1 和 30)的全部整数,把其中的某些数划掉,使得在剩余的数中没有一个数是其他任何数的 2 倍,试问最多能剩余多少个数?( ).

A. 15 个　　B. 18 个　　C. 19 个

D. 20 个　　E. 21 个

解　构造集合 1,2,3,…,30 的子集,使得每个子集都由一个奇数和这个奇数的 $2^k(k = 0,1,2,\cdots)$ 倍组成,于是得到

{1,2,4,8,16}

{3,6,12,24}

{5,10,20} {7,14,28}

{9,18} {11,22} {13,26} {15,30}

{17} {19} {21} {23} {25} {27} {29}

我们分别从这些子集中尽可能多地选取一些数,

其中任何一个数都不能是另一个数的二倍．例如，从第一个子集{1，2，4，8，16}中选取 1，4，16；从第二个子集{3，6，12，24}中选取 3，12；从子集{5，10，20}和{7，14，28}中各选取两个数；从剩下的其他 11 个子集中各选取一个数．总共选取 $3+2+2+2+11=20$（个）数．

（ D ）

推广　仿照上面的解法中所采用的方式，我们把 n 个数的集合做如下排列：

$$
\begin{array}{cccccccc}
1 & 2 & 4 & 8 & 16 & 32 & 64 & \cdots \\
3 & 6 & 12 & 24 & 48 & 96 & 192 & \cdots \\
5 & 10 & 20 & 40 & 80 & 160 & 320 & \cdots \\
7 & 14 & 28 & 56 & 112 & 224 & 448 & \cdots \\
9 & 18 & 36 & 72 & 144 & 288 & 576 & \cdots \\
\vdots & \vdots & \vdots & \vdots & \vdots & \vdots & \vdots & \vdots
\end{array}
$$

可以看出，直到 n（包括 n）的每一个数在其中只出现一次，第二列中的任何数都是第一列中相应数的二倍，第三列中的任何数都是第二列中相应数的二倍，如此等等．为了构造最大的子集，我们只需选取第一、第三、第五、… 列中所有小于或等于 n 的数，这就是说，我们只需计数以下各行中小于或等于 n 的数的个数

$$
\begin{array}{ccccc}
0 & 1 & 2 & 3 & \cdots \\
1 & 4 & 16 & 64 & \cdots \\
3 & 12 & 48 & 172 & \cdots \\
5 & 20 & 80 & 320 & \cdots \\
7 & 28 & 112 & 448 & \cdots
\end{array}
$$

$$\begin{array}{ccccc} 9 & 36 & 144 & 576 & \cdots \\ \vdots & \vdots & \vdots & \vdots & \end{array}$$

设我们想要计数的数的个数是 F_n，而 Col k 中小于或等于 n 的数的个数是 C_k（$C_k = 2^{2k}$ 的小于或等于 n 的奇数倍数的个数）. 于是

$$F_n = C_0 + C_1 + C_2 + \cdots$$

这个级数在有限项以后各项均为零. 最后的非零项为 $C_{[\log_4 n]}$

解法 1 现在

$C_0 =$（所有小于或等于 n 的数的个数）-（所有小于或等于 n 的偶数的个数）

$= n - \left[\frac{n}{2}\right]$

在一般情况下

$C_k = 2^{2k}$ 的小于或等于 n 的奇数倍数的个数

$=$（2^{2k} 的所有小于或等于 n 的倍数的个数）-（2^{2k} 的小于或等于 n 的偶数倍数的个数）

其中第二个括号里的一项与 2^{2k+1} 的所有小于或等于 n 的倍数的个数相同. 因此,我们有

$$C_k = \left[\frac{n}{2^{2k}}\right] - \left[\frac{n}{2^{2k+1}}\right]$$

代回到 F_n 的级数中,得到

$$F_n = n - \left[\frac{n}{2}\right] + \left[\frac{n}{4}\right] - \left[\frac{n}{8}\right] + \left[\frac{n}{16}\right] - \cdots$$

当 $n = 30$ 时，$F_{30} = 30 - 15 + 7 - 3 + 1 = 20$.

解法2　这种方法需要求出 C_k 的另一个表达式．这时，我们首先求出 C_0 的表达式，然后推导一般的 C_k 的表达式．我们想要计算集合1，3，5，7，…中所有小于或等于 n 的数的个数．把这个集合中的每个数都加1，这相当于计数集合2，4，6，8，…中所有小于或等于 $n+1$ 的数的个数，也就是所有小于或等于 $n+1$ 的偶数的个数，于是我们有

$$C_0=\left[\frac{n+1}{2}\right]$$

在一般情况下，我们需要计算集合 $1\cdot 2^k$，$3\cdot 2^{2k}$，$5\cdot 2^{2k}$，…中所有小于或等于 n 的个数．把这个集合中的每个数都加上 2^{2k}，这相当于计算集合 $2\cdot 2^{2k}$，$4\cdot 2^{2k}$，$6\cdot 2^{2k}$，$8\cdot 2^{2k}$，…中所有小于或等于 $n+2^{2k}$ 的个数，这个集合也就是 2^{2k+1}，$2\cdot 2^{2k+1}$，$3\cdot 2^{2k+1}$，$4\cdot 2^{2k+1}$，…，其中每一个数小于或等于 $n+2^{2k}$，即 2^{2k+1} 的所有小于或等于 $n+2^{2k}$ 的倍数的集合．于是

$$C_k=\left[\frac{n+2^{2k}}{2^{2k+1}}\right]$$

代回到 F_n 的级数中，得到

$$F_n=\left[\frac{n+1}{2}\right]+\left[\frac{n+4}{8}\right]+\left[\frac{n+16}{32}\right]+\cdots+\left[\frac{n+2^{2k}}{2^{2k+1}}\right]+\cdots$$

当 $n=30$ 时，$F_{30}=15+4+1=20$.

第7章　1998年试题

1. 123 + 765 的值是(　　).

A. 666　　B. 777　　C. 787

D. 878　　E. 888

解　123 + 765 = 888.　　(　E　)

2. 5 × 0.4 的值是(　　).

A. 0.08　　B. 0.2　　C. 0.8

D. 2　　E. 20

解　5 × 0.4 = 2.　　(　D　)

3. 在图1中, x 的值是(　　).

A. 20　　B. 45　　C. 70

D. 55　　E. 60

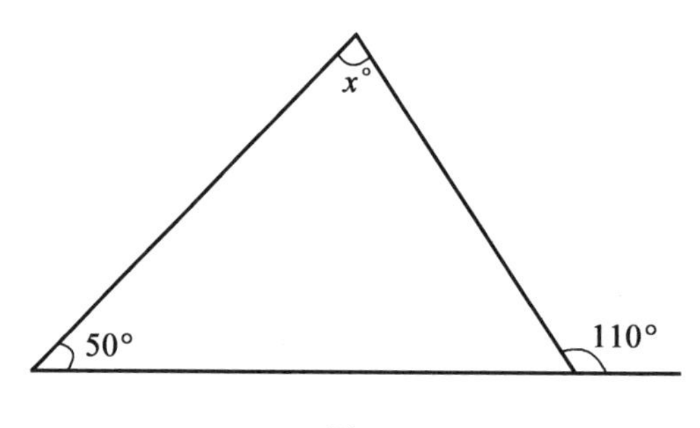

图1

解　因为三角形的一个外角等于两个不相邻的内角之和,所以 $x + 50 = 110$, $x = 60$.　　(　E　)

4. 如果75 min的测验从上午10:40开始,那么将于何时结束?(　　).

A. 上午11:45　　B. 上午11:55　　C. 上午11:15

D. 中午12:05　　E. 中午12:10

解　上午10:40加上75 min等于上午11:55.

(B)

5. 在45天的期间里,最多可能出现几个星期一?(　　).

A. 5个　　B. 6个　　C. 7个

D. 8个　　E. 9个

解　当45天的第一天(或第二天,或第三天)是星期一时,在这45天里星期一出现的天数最多有7天:第1天,第8天,第15天,第22天,第29天,第36天,第43天.

(C)

6. 在图2中,x的值是(　　).

A. 30　　B. 35　　C. 40

D. 45　　E. 50

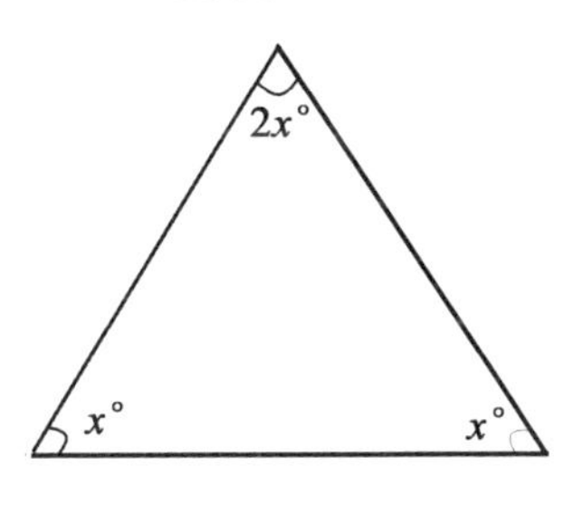

图2

解　已知$x + x + 2x = 180$,则$4x = 180$. 于是$x =$

45.

7. 在11年中大约有多少天?(   ).

A. 400天   B. 4 000天   C. 40 000天

D. 400 000天   E. 4 000 000天

解 设N是11年中的天数,则

$$11\times300<N<11\times400$$

$$3\ 300<N<4\ 400$$

(B)

8. 在桌子上放着五个薄圆盘,如图3所示,它们由下到上放置的次序应当是(   ).

A. X,Y,Z,W,V B. Y,X,Z,W,V C. X,W,V,Z,Y

D. Z,V,W,Y,X E. Z,Y,W,V,X

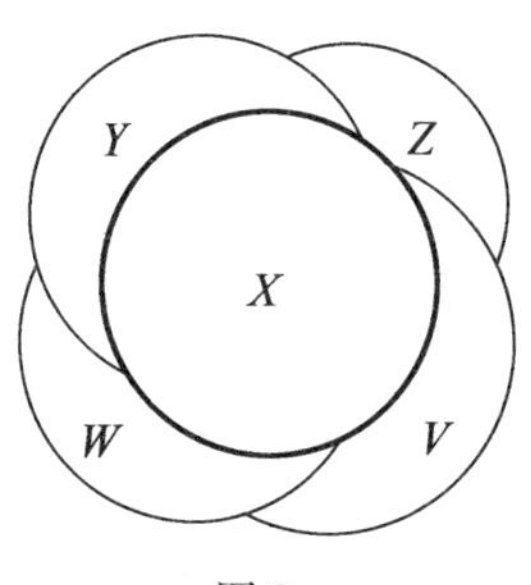

图3

解 最上面的圆盘是X,下面的是Y,再下面是W,再下面的是V,最下面的是Z. 因此,它们先后放置的次序是$ZVWYX$. (D)

9. 如果你买了7块巧克力,每块75分,你付了10澳元钱,那么应当找给你多少钱?(   ).

A. 4.75澳元   B. 5.75澳元   C. 4.25澳元

D. 5.25 澳元　　E. 3.75 澳元

解　7块巧克力价值为　$7 \times 0.75 = 5.25$(澳元).

应找的钱数是　$10 - 5.25 = 4.75$(澳元).

(A)

10. 把一个立方体的各面涂上颜色,要求具有公共棱的两个面颜色不同,那么至少需要几种颜色?(　　).

A. 2种　　B. 3种　　C. 4种

D. 5种　　E. 6种

解　考虑到具有公共顶点的3个面,这时,其中任何两个面都有一条公共棱,所以至少需要3种颜色,因为相对的面可以用同样颜色,故只需3种颜色.

(B)

11. 数9是下列哪个数的15%?(　　).

A. 45　　B. 54　　C. 60

D. 60　　E. 135

解　设这个数为x,则

$$\frac{9}{x} = \frac{15}{100} = \frac{3}{20}$$

$$3x = 180$$

$$x = 60$$

(C)

12. 在每半小时中,钟表时针转过的角度是(　　).

A. $0.5°$　　B. $2.5°$　　C. $15°$

D. $30°$　　E. $7.5°$

解 在12 h中时针转过360°,所以在$\frac{1}{2}$ h中时针转过

$$\frac{0.5}{12}\times 360^\circ=\frac{180^\circ}{12}=15^\circ$$

(C)

13. 下列哪个数最接近$\frac{39}{18}+\frac{20}{9}+\frac{2}{3}$ =?( ).

A. 2　　B. 3　　C. 4

D. 5　　E. 6

解
$$\frac{39}{18}+\frac{20}{9}+\frac{2}{3}=2\frac{1}{6}+2\frac{2}{9}+\frac{2}{3}$$
$$=4+\left(\frac{1}{6}+\frac{2}{9}+\frac{2}{3}\right)$$
$$\approx 4+1=5$$
(D)

14. 下列哪个数不是1 998的因数?( ).

A. 9　　B. 18　　C. 27

D. 36　　E. 37

解 因为$1\ 998=2\times 3^3\times 37$,所以只有36不是1 998的因数.　　(D)

15. 在40个学生中,有20人打网球,有19人打排球,有6人既打网球又打排球,试问有多少学生既不打网球又不打排球?( ).

A. 7　　B. 5　　C. 3

D. 9　　E. 19

解 参加体育活动的人数是打网球的人数 + 打排球的人数 - 既打网球又打排球的人数,即20 + 19 -

6 = 33. 因此不参加体育活动的人数是 40 - 33 = 7.

（ A ）

16. 只含数字1和2且其中数字1和2至少出现一次的四位数有多少?(　　).

A. 10　　B. 12　　C. 14

D. 15　　E. 16

解法1　首先算出只含数字1和2的四位数的个数. 因为每位数都有两种选择,所以这样的四位数共有 $2\times2\times2\times2=16$(个). 但是应当除去1 111和2 222,故有14个.

解法2　列出各种可能性:

三个2,一个1:2 221,2 212,2 122,1 222,有4个;

两个2,两个1:2 211,2 121,2 112,1 221,1 212,1 122,有6个;

一个2,三个1:1 112,1 121,1 211,2 111,有4个;

因此,总数是14个.　　（ C ）

17. 有多少个周长为25单位的不同的等腰三角形,它们各边的长度都是整数单位?(　　).

A. 没有　　B. 5　　C. 6

D. 7　　E. 12

解　在这些等腰三角形中,最短的腰为7(6是不可能的),最长的腰为12,于是得到六种可能情况:7,8,9,10,11,12.　　（ C ）

18. 一副七巧板是把一个正方形分割成5个三角形,一个正方形和一个平行四边形而构成的,如图4所示,原来的正方形的面积是1平方单位,试问其中的平行四边形的面积是多少平方单位?

A. $\frac{1}{8}$　　B. $\frac{1}{4}$　　C. $\frac{3}{10}$

D. $\frac{1}{16}$　　E. $\frac{1}{7}$

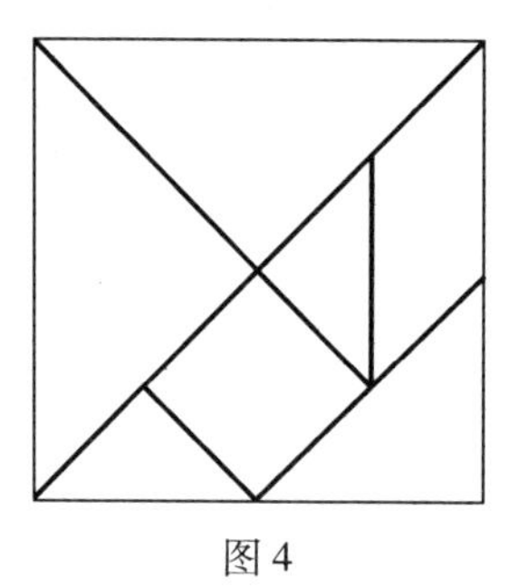

图 4

解　如图 5,注意到这个正方形可以被分成 16 个全等的三角形,而其中的平行四边形可被分成两个这样的三角形,可知

$$\frac{\text{平行四边形的面积}}{\text{正方形的面积}}=\frac{2}{16}=\frac{1}{8}\quad(\text{A})$$

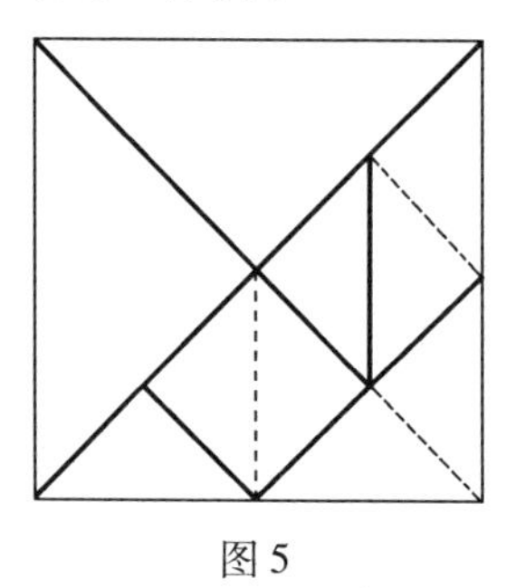

图 5

19. 一组学生利用清洗汽车来筹集资金. 他们对一些顾客的汽车做了普通清洗,每位收费 5 澳元,对另

一些顾客的汽车做了吸尘抛光清洗,每位收费 7 澳元,总共筹集了 176 澳元. 顾客最少可能的数目是( ).

A. 23　　B. 24　　C. 26

D. 28　　E. 30

解　设做普通清洗的顾客数目为 x,做吸尘抛光清洗的顾客数目为 y,于是

$$5x + 7y = 176$$

显然,当 x 最小时,$x + y$ 为最小,因为普通清洗比吸尘抛光清洗收费低,现在

$$7y = 176 - 5x$$

$$y = 25 + \frac{1 - 5x}{7}$$

使得 y 为整数的最小的 $x = 3$,得到

$$y = 25 - \frac{14}{2} = 25 - 2 = 23$$

顾客最小 的可能数目是 $23 + 3 = 26$.　　(C)

20. 我做了 450 次"投球"游戏,成功率为 80%,为了在尽可能短的时间内把我的成功率提高到 90%,我必须再连续投中多少次?( ).

A. 10 次　　B. 45 次　　C. 50 次

D. 250 次　　E. 450 次

解法 1　因为我的成功率是 80%,所以在 450 次"投球"中我投中

$$450 \times \frac{4}{5} = 360(次)$$

假设我必须再连续投中 x 次,于是

$$\frac{360+x}{450+x}=90\%=\frac{9}{10}$$

$$4\ 050+9x=3\ 600+10x$$

$$x=4\ 500-3\ 600=450$$

解法 2 看一看未投中的比例,我们有

$$失败率=\frac{未投中的次数}{总的投球次数}\times 100\%=20\%$$

我们的目的是将这个百分比减少一半,未投中的次数不会改变,所以我们必须把"投球"的次数增加一倍,即再投 450 次. (E)

21. 有多少个小于900的正整数,它们是7的倍数,且个位是2?

A. 13 个　　B. 12 个　　C. 11 个

D. 10 个　　E. 14 个

解 最小的这样的数是 42. 从 42 开始,7 的倍数的末位数字是 2,9,6,3,0,7,4,1,8,5,2. 因此,下一个这样的数是112,因此,每个相差 $10\times 7=70$,最后一个是 882($=42+12\times 70$). 所以有 13 个这样的数.

(A)

22. 把一个三位数字首位前和末位后填写上 1,这样得到的五位数比原来的三位数增加 14 789. 试问原数的三个数字之和是多少?(　　).

A. 11　　B. 10　　C. 9

D. 8　　E. 7

解法 1 设原数的三个数字依次为 a,b,c. 新构成

的数是 $1abc1$. 于是

$$\begin{array}{r} 1\ a\ b\ c\ 1 \\ -\quad\ a\ b\ c \\ \hline 1\ 4\ 7\ 8\ 9 \end{array} \quad \rightarrow \quad c=2$$

由此得到

$$\begin{array}{r} 1\ a\ b\ 2\ 1 \\ -\quad\ a\ b\ 2 \\ \hline 1\ 4\ 7\ 8\ 9 \end{array} \quad \rightarrow \quad b=3$$

以及

$$\begin{array}{r} 1\ a\ 3\ 2\ 1 \\ -\quad\ a\ 3\ 2 \\ \hline 1\ 4\ 7\ 8\ 9 \end{array} \quad \rightarrow \quad a=5$$

原数是532,其数字之和是10.

解法2　设原数为 x,则在首位前和末位后填写1而得到的数是 $1+10x+10\,000$. 于是

$$10x+10\,001-x=14\,789$$
$$9x=4788$$
$$x=532$$

x 的数字之和是10.　　　　　　　　(B)

23. 降落在水平屋顶上的雨水全都被收集到一个长方形的水箱内,水箱的横截面为 $2\ \text{m}\times1.5\ \text{m}$. 如果有5 mm的雨水降落在水平屋顶上,屋子顶的总面积为 $90\ \text{m}^2$,那么水箱中的水面增高(　　).

A. 1.5 mm　　B. 15 mm　　C. 150 mm

D. 1.5 m　　E. 15 m

解 设水箱中的水面增高 h mm. 屋顶的面积是 $90\ \text{m}^2 = 90 \times 1\,000 \times 1\,000\ \text{mm}^2$. 因此,以 mm^3 计算

$$h \times 2 \times 1\,000 \times 1.5 \times 1\,000 = 5 \times 90 \times 1\,000\,000$$

$$h = \frac{5 \times 90}{2 \times 1.5}$$

$$= 150$$

(C)

24. 在一个国家竞赛联盟中有16支曲棍球队. 他们被分成两组,每组8队,在一个赛季中,每支球队要同本组中的其他每支球队打一场球,然后同另一组中的所有球队各打一场球,最后再同本组中其他球队各打一场球,试问在这个赛季中共进行多少场比赛?( ).

A. 192场　B. 168场　C. 462场

D. 352场　E. 176场

解 每一队要同本组中其他队各打两场,并要同另一组的8队各打一场,因此,每一队要打7+7+8=22(场),因为每一场球要由两队来打,所以总的场数是

$$\frac{16 \times 22}{2} = 176(\text{场})$$

(E)

25. 我们的家乡面包师出售葡萄干甜面包,每个30分,每7个1澳元,每打1.80澳元,我的妈妈给我10澳元钱,要我去买60个面包,还告诉我,找回的零钱归我所有,我想至少要买回60个面包,并且尽可能多剩一些钱,试问我最多能剩多少钱?( ).

A. 0.90 澳元　　B. 1.00 澳元　　C. 1.10 澳元

D. 1.20 澳元　　E. 1.30 澳元

解　买1袋7个的面包最合算，平均每个价格最低，但是60不能被7整除，恰好买60个面包的各种可能情况如表1：

表1

规格 \ 款数/澳元	* 9.20	* 9.60	8.90	9.30	* 9.50	9.00
1袋1打	0	1	2	3	4	5
1袋7个	8	6	5	3	1	0
1袋1个	4	4	1	3	5	0

但是，我们注意到：买1袋7个的面包比买单个的4个面包还要便宜．这就说明可以改进上面带星号的3列(表2)，即多买1袋7个的，而不买单个的，也就是我的最佳方案是买1袋一打的，再买7袋7个的，我可以得到找回的1.20澳元(我还可以吃掉多余的1个面包!).　　(D)

表2

规格 \ 款数/澳元	9.00	8.80	9.20
1袋1打	0	1	4
1袋7个	9	7	2
1袋1个	0	0	0

26. 在集合1,2,3,…,99 999中有多少个这样的整

数,它们都含有奇数个奇数字?(　　).

A. 49 999　　B. 50 000　　C. 45 000

D. 55 554　　E. 55 555

解　我们把数 0 添加到这个集合中,这对计算结果并无影响,但是讨论起来比较容易.对于从 0 到 99 999 中的任何数进行下列运算:

如果最后一位数字不是 9,则把这个数加 1.

如果最后一位数字是 9,则把这个 9 改为 0.

这就把每个含有奇数个奇数字的数都变成了含有偶数个奇数字的数,反之亦然,并且一对一对进行.结果两个集合大小相同,都是由从 0 到 99 999 这些数组成的,其中含有奇数个奇数字的数和含有偶数个奇数字的数个数相等,各占一半,都是 50 000 个.

(　B　)

27. 杰克(Jack) 和吉尔(Jill) 每人各有一只水壶,其中都装有 1 L 水.第一天,杰克把他的壶中的 1 mL 水倒入吉尔的壶中,第二天,吉尔把她的壶中的 3 mL 水倒入杰克的壶中,第三天,杰克把他的壶中的 5 mL 水倒入吉尔的壶中,这样继续做下去,其中每个人倒出的水比前一天从对方得到的水多 2 mL,试问第 101 天结束后,杰克壶中有多少水(以毫升为单位)?(　　).

A. 799 mL　　B. 899 mL　　C. 900 mL

D. 1 000 mL　　E. 1 101 mL

解　第一天过后，杰克的壶中有999 mL水，以后每过两天，他的壶中就减少2 mL水，所以101天以后，杰克的壶中有999 - (50 × 2) = 899 mL的水.

(　B　)

28. 我的计算器出了毛病，对于加法运算的结果只显示个位数字，例如，6 + 7在显示器上给出3，现在按下述方式产生了一列数字

8，6，4，0，4，4，8，…

其中，第二个数字以后的每一个数字都是它前面两个数字之和在我的计算器上显示的结果，试问第99个数字是什么？(　　).

A. 8　　B. 6　　C. 4

D. 2　　E. 0

解　这样产生的数字序列是

8，6，4，0，4，4，8，2，0，2，2，4，6，0，6，6，2，8，0，8，(8，6，4，…)

也就是说，这个序列在第20个数字以后重新出现，它的第99个数字是这20个数字的第19个数字，即为0.

(　E　)

29. 为了登上10层阶梯，如果你每一步或是登上一层，或是登上三层，那么可以有多少种不同的进步方式？(　　).

A. 15种　　B. 20种　　C. 24种

D. 28种　　E. 40种

解 如表3,这个问题等价于把10写成若干个1和若干个3之和的问题. 例如,$10 = 1 + 3 + 1 + 3 + 1 + 1$.

表3

3的个数	1的个数	前进方式	表达式的个数
0	10	1111111111;	1
1	7	31111111,13111111	
		…,11111113;	8
2	4	331111,133111,	
		…,111133;	5
		313111,131311,	
		113131,111313;	4
		311311;131131,113113	3
		311131,131113;	2
		311113;	1
3	1	1333,3133,3313,3331;	4
		总数	28

(D)

编辑手记

数学竞赛是一项吸引人的活动，著名数学家 M. Gardner 指出：初学者解答一个巧题时得到了快乐，数学家解决了更先进的问题时也得到了快乐，在这两种快乐之间没有很大的区别．二者都关注美丽动人之处——即支撑着所有结构的那匀称的，定义分明的，神秘的和迷人的秩序．

由于中国数学奥林匹克如同乒乓球和围棋一样在世界享有盛誉，所以有关数学竞赛的书籍也多如牛毛，但这是本工作室首次出版澳大利亚的数学竞赛题解．

澳大利亚笔者没有去过，但与之相邻的新西兰笔者去过多次，虽然新西兰也出过菲尔兹奖得主即琼斯——琼斯多项式的提出者,但整体上数学教育水平还是澳大利亚略高一筹.以至于新西兰中小学生参加的数学竞赛还是使用澳大利亚的竞赛题目,按说从历史上看新西兰的早期移民大多是欧洲的贵族,而澳大利亚居民大多是被发配的罪犯,经过百年的历史演变可以看出社会制度的威力,这是值得我们深思的.再一个可供我们反思的是澳大利亚慢生活的魅力.我们近四十年来,高歌猛进,大干快上,锐意进取,岁月匆匆.

回顾历史,19世纪的欧洲,大量的娱乐时间意味着一个人的社会地位很高:一位哲学家曾这样描述1840年前后巴黎文人、学士的生活——他们的时间十分富余,以至于在游乐场遛乌龟成了一件非常时髦的事情,类似的项目在澳大利亚还能找到.

摘一段《数学竞赛史话》(单墫著,广西教育出版社,1990.)中关于澳大利亚数学竞赛的介绍.

第29届IMO于1988年在澳大利亚首都堪培拉举行.

这一届IMO有49个国家和地区参加,选手达到268名.规模之大超过以往任何一届.

这一年,恰逢澳大利亚建国200周年,整个IMO的活动在十分热烈、隆重的气氛中进行.

这是第一次在南半球举行的IMO,也是

第一次在亚洲地区和太平洋沿岸地区举行的IMO.参赛的非欧洲国家和地区有25个,第一次超过了欧洲国家(24个).

东道主澳大利亚自1971年开展全国性的数学竞赛,并且在70年代末成立了设在国家科学院之下的澳大利亚数学奥林匹克委员会,该委员会专门负责选拔和培训澳大利亚参加IMO的代表队.澳大利亚各州都有一名人员参加这个委员会的工作.澳大利亚自1981年起,每年都参加IMO.IMO(物理、化学奥林匹克)的培训都在堪培拉高等教育学院进行.澳大利亚数学会一直对这个活动给予经费与业务方面的支持和帮助.澳大利亚IBM有限公司每年提供赞助.

早在1982年,澳大利亚数学会及一些数学界、教育界人士就提出在1988年庆祝该国建国200周年之际举办IMO.澳大利亚政府接受了这一建议,并确定第29届IMO为澳大利亚建国200周年的教育庆祝活动.在1984年成立了"澳大利亚1988年IMO委员会".委员会的成员包括政府、科学、教育、企业等各界人士.澳大利亚为第29届IMO做了大量准备工作,政府要员也纷纷出马.总理霍克与教育部部长为举办IMO所印的宣传册等写祝词.霍克还出席了竞赛的颁奖仪式,他亲自为荣获金奖(一等奖)的17位中学生(包括我国的何宏宇和陈晞)颁奖,并发表了热情洋溢的讲话.竞赛期间澳大利亚国土部部长在国会大厦为各国领队举行了招待会,国家科学院院长也举办了鸡尾酒会.竞赛结束时,教育部部长设宴招待所有参加IMO的人员.澳大利亚数学界的教授、学者也做了大量的组织接待及业务工作,为这届IMO作出了巨大的贡献.竞赛地点在堪培拉高等教育学院.组织者除了堪培拉的活动外,还安排了各代表队在悉尼的旅游.澳大利亚IBM公司将这届IMO列为该公司1988年的14项工作之一,它是这届IMO的最大的赞助商.

竞赛的最高领导机构是"澳大利亚1988年IMO委员会",由23人组成(其中有7位教授,4位博士).主席为澳大利亚科学院院士、亚特兰大大学的波茨(R. Potts)教授.在1984年至1988年期间,该委员会开过3次会来确定组织机构、组织方案、经费筹措等重大问题.在1984年的会议上决定成立"1988年IMO组织委员会",负责具体的组织工作.

组委会共有13人(其中有3位教授,4位博士),主席为堪培拉高等教育学院的奥哈伦(P. J. O' Halloran)先生,波茨教授也是组委会委员.

组委会下设6个委员会.

1. 学术委员会

主席由组委会委员、新南威尔士大学的戴维·亨特(D. Hunt)博士担任. 下设两个委员会:

(1)选题委员会. 由6人组成(包括3位教授,1位副教授和1位博士. 其中有两位为科学院院士). 该委员会负责对各国提供的赛题进行审查、挑选,并推荐其中的一些题目给主试委员会讨论.

(2)协调委员会. 由主任协调员1人,高级协调员6人(其中有两位教授,1位副教授,1位博士),协调员33人(其中有5位副教授,18位博士)组成. 协调员中有5位曾代表澳大利亚参加IMO并获奖. 协调委员会负责试卷的评分工作:分为6个组,每组在1位高级协调员的领导下核定一道试题的评分.

2. 活动计划委员会

该委员会有70人左右,负责竞赛期间各代表队的食宿、交通、活动等后勤工作. 给每个代表队配备1位向导. 向导身着印有IMO标记的统一服装. 各队如有什么要求或问题均可通过向导反映. IMO的一切活动也由向导传送到各代表队.

3. 信息委员会

负责竞赛前及竞赛期间的文件的编印,

准备奖品和证书等.

4. 礼仪委员会

负责澳大利亚政府为1988年IMO组织的庆典仪式、宴会等活动. 由内阁有关部门、澳大利亚数学基金会、首都特区教育部门、一些院校及社会公益部门的人员组成.

5. 财务委员会

负责这届IMO的财务管理. 由两位博士分别担任主席和顾问,一位教授任司库.

6. 主试委员会(Jury,或译为评审委员会)

由澳大利亚数学界人士和各国或地区领队组成. 主席为波茨教授. 别设副主席、翻译、秘书各1位.

主试委员会为IMO的核心. 有关竞赛的任何重大问题必须经主试委员会表决通过后才能施行,所以主席必须是数学界的权威人士,办事果断并具有相当的外交经验.

以上6个委员会共约140人,有些人身兼数职. 各机构职能分明又互相配合.

这届竞赛活动于1988年7月9日开始. 各代表队在当日抵达悉尼并于当日去新南威尔士大学报到. 领队报到后就离开代表队住在另一个宾馆,并于11日去往堪培拉. 各代表队在副领队的带领下由澳大利亚方面安排在悉尼参观游览,14日去往堪培拉,住

在堪培拉高等教育学院.

领队抵达堪培拉后,住在澳大利亚国立大学,参加主试委员会,确定竞赛试题,译成本国文字.在竞赛的第二天(16日)领队与本国或本地区代表队汇合,并与副领队一起批阅试卷.

竞赛在15、16日两天上午进行,从8:30开始,有15个考场,每个考场有17至18名学生.同一代表队的选手分布在不同的考场.比赛的前半小时(8:30－9:00)为学生提问时间.每个学生有三张试卷,一题一张;又有三张专供提问的纸,也是一题一张.试卷和问题纸上印有学生的编号和题号.学生将问题写在问题纸上由传递员传送.此时领队们在距考场不远的教室等候.学生所提问题由传递员首先送给主试委员会主席过目后,再交给领队.领队必须将学生所提问题译成工作语言当众宣读,由主试委员会决定是否应当回答.领队的回答写好后,必须当众宣读,经主试委员会表决同意后,再由传递员送给学生.

阅卷的结果及时公布在记分牌上.各代表队的成绩如何,一目了然.

根据中国香港代表队的建议,第29届IMO首次设立了荣誉奖,颁发给那些虽然未能获得一、二、三等奖,但至少有一道题得到满分的选手.于是有26个代表队的33名选手获得了荣誉奖,其中有7个代表队是没有获得一、二、三等奖的.设置荣誉奖的做法,显然有利于调动更多国家或地区、更多选手的积极性.

在整个竞赛期间,澳大利亚工作人员认真负责,彬彬有礼,效率之高令人赞叹!

为了表达对大家的感谢,荷兰领队J. Noten boom教授完成了一件奇迹般的工作,他用200个高脚玻璃杯组成了一个大球(非常优美的数学模型!),在告别宴会上赠给组委会主席奥哈伦教授.

单墫教授当年在这本著作出版后即赠了一本给笔者,二十多年过去了,这本书仍留在笔者的案头上,听说最近又要再版了.

寥寥数语,是以为记.

刘培杰

2019.2.21

于哈工大

刘培杰数学工作室
已出版(即将出版)图书目录——初等数学

书　　名	出版时间	定　价	编号
新编中学数学解题方法全书(高中版)上卷(第2版)	2018—08	58.00	951
新编中学数学解题方法全书(高中版)中卷(第2版)	2018—08	68.00	952
新编中学数学解题方法全书(高中版)下卷(一)(第2版)	2018—08	58.00	953
新编中学数学解题方法全书(高中版)下卷(二)(第2版)	2018—08	58.00	954
新编中学数学解题方法全书(高中版)下卷(三)(第2版)	2018—08	68.00	955
新编中学数学解题方法全书(初中版)上卷	2008—01	28.00	29
新编中学数学解题方法全书(初中版)中卷	2010—07	38.00	75
新编中学数学解题方法全书(高考复习卷)	2010—01	48.00	67
新编中学数学解题方法全书(高考真题卷)	2010—01	38.00	62
新编中学数学解题方法全书(高考精华卷)	2011—03	68.00	118
新编平面解析几何解题方法全书(专题讲座卷)	2010—01	18.00	61
新编中学数学解题方法全书(自主招生卷)	2013—08	88.00	261
数学奥林匹克与数学文化(第一辑)	2006—05	48.00	4
数学奥林匹克与数学文化(第二辑)(竞赛卷)	2008—01	48.00	19
数学奥林匹克与数学文化(第二辑)(文化卷)	2008—07	58.00	36′
数学奥林匹克与数学文化(第三辑)(竞赛卷)	2010—01	48.00	59
数学奥林匹克与数学文化(第四辑)(竞赛卷)	2011—08	58.00	87
数学奥林匹克与数学文化(第五辑)	2015—06	98.00	370
世界著名平面几何经典著作钩沉——几何作图专题卷(上)	2009—06	48.00	49
世界著名平面几何经典著作钩沉——几何作图专题卷(下)	2011—01	88.00	80
世界著名平面几何经典著作钩沉(民国平面几何老课本)	2011—03	38.00	113
世界著名平面几何经典著作钩沉(建国初期平面三角老课本)	2015—08	38.00	507
世界著名解析几何经典著作钩沉——平面解析几何卷	2014—01	38.00	264
世界著名数论经典著作钩沉(算术卷)	2012—01	28.00	125
世界著名数学经典著作钩沉——立体几何卷	2011—02	28.00	88
世界著名三角学经典著作钩沉(平面三角卷Ⅰ)	2010—06	28.00	69
世界著名三角学经典著作钩沉(平面三角卷Ⅱ)	2011—01	38.00	78
世界著名初等数论经典著作钩沉(理论和实用算术卷)	2011—07	38.00	126
发展你的空间想象力	2017—06	38.00	785
走向国际数学奥林匹克的平面几何试题诠释(上、下)(第1版)	2007—01	68.00	11,12
走向国际数学奥林匹克的平面几何试题诠释(上、下)(第2版)	2010—02	98.00	63,64
平面几何证明方法全书	2007—08	35.00	1
平面几何证明方法全书习题解答(第1版)	2005—10	18.00	2
平面几何证明方法全书习题解答(第2版)	2006—12	18.00	10
平面几何天天练上卷·基础篇(直线型)	2013—01	58.00	208
平面几何天天练中卷·基础篇(涉及圆)	2013—01	28.00	234
平面几何天天练下卷·提高篇	2013—01	58.00	237
平面几何专题研究	2013—07	98.00	258

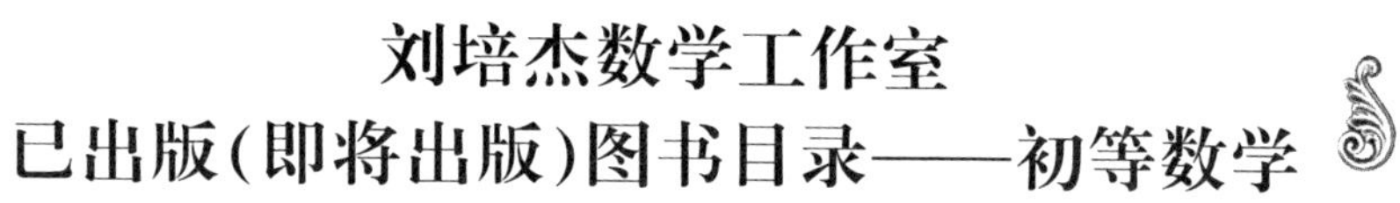

刘培杰数学工作室
已出版(即将出版)图书目录——初等数学

书 名	出版时间	定 价	编号
最新世界各国数学奥林匹克中的平面几何试题	2007－09	38.00	14
数学竞赛平面几何典型题及新颖解	2010－07	48.00	74
初等数学复习及研究(平面几何)	2008－09	58.00	38
初等数学复习及研究(立体几何)	2010－06	38.00	71
初等数学复习及研究(平面几何)习题解答	2009－01	48.00	42
几何学教程(平面几何卷)	2011－03	68.00	90
几何学教程(立体几何卷)	2011－07	68.00	130
几何变换与几何证题	2010－06	88.00	70
计算方法与几何证题	2011－06	28.00	129
立体几何技巧与方法	2014－04	88.00	293
几何瑰宝——平面几何 500 名题暨 1000 条定理(上、下)	2010－07	138.00	76,77
三角形的解法与应用	2012－07	18.00	183
近代的三角形几何学	2012－07	48.00	184
一般折线几何学	2015－08	48.00	503
三角形的五心	2009－06	28.00	51
三角形的六心及其应用	2015－10	68.00	542
三角形趣谈	2012－08	28.00	212
解三角形	2014－01	28.00	265
三角学专门教程	2014－09	28.00	387
图天下几何新题试卷.初中(第 2 版)	2017－11	58.00	855
圆锥曲线习题集(上册)	2013－06	68.00	255
圆锥曲线习题集(中册)	2015－01	78.00	434
圆锥曲线习题集(下册・第 1 卷)	2016－10	78.00	683
圆锥曲线习题集(下册・第 2 卷)	2018－01	98.00	853
论九点圆	2015－05	88.00	645
近代欧氏几何学	2012－03	48.00	162
罗巴切夫斯基几何学及几何基础概要	2012－07	28.00	188
罗巴切夫斯基几何学初步	2015－06	28.00	474
用三角、解析几何、复数、向量计算解数学竞赛几何题	2015－03	48.00	455
美国中学几何教程	2015－04	88.00	458
三线坐标与三角形特征点	2015－04	98.00	460
平面解析几何方法与研究(第 1 卷)	2015－05	18.00	471
平面解析几何方法与研究(第 2 卷)	2015－06	18.00	472
平面解析几何方法与研究(第 3 卷)	2015－07	18.00	473
解析几何研究	2015－01	38.00	425
解析几何学教程.上	2016－01	38.00	574
解析几何学教程.下	2016－01	38.00	575
几何学基础	2016－01	58.00	581
初等几何研究	2015－02	58.00	444
十九和二十世纪欧氏几何学中的片段	2017－01	58.00	696
平面几何中考.高考.奥数一本通	2017－07	28.00	820
几何学简史	2017－08	28.00	833
四面体	2018－01	48.00	880
平面几何证明方法思路	2018－12	68.00	913
平面几何图形特性新析.上篇	2019－01	68.00	911
平面几何图形特性新析.下篇	2018－06	88.00	912
平面几何范例多解探究.上篇	2018－04	48.00	910
平面几何范例多解探究.下篇	2018－12	68.00	914
从分析解题过程学解题:竞赛中的几何问题研究	2018－07	68.00	946
二维、三维欧氏几何的对偶原理	2018－12	38.00	990

刘培杰数学工作室
已出版(即将出版)图书目录——初等数学

书 名	出版时间	定 价	编号
俄罗斯平面几何问题集	2009—08	88.00	55
俄罗斯立体几何问题集	2014—03	58.00	283
俄罗斯几何大师——沙雷金论数学及其他	2014—01	48.00	271
来自俄罗斯的5000道几何习题及解答	2011—03	58.00	89
俄罗斯初等数学问题集	2012—05	38.00	177
俄罗斯函数问题集	2011—03	38.00	103
俄罗斯组合分析问题集	2011—01	48.00	79
俄罗斯初等数学万题选——三角卷	2012—11	38.00	222
俄罗斯初等数学万题选——代数卷	2013—08	68.00	225
俄罗斯初等数学万题选——几何卷	2014—01	68.00	226
俄罗斯《量子》杂志数学征解问题100题选	2018—08	48.00	969
俄罗斯《量子》杂志数学征解问题又100题选	2018—08	48.00	970
463个俄罗斯几何老问题	2012—01	28.00	152
《量子》数学短文精粹	2018—09	38.00	972
谈谈素数	2011—03	18.00	91
平方和	2011—03	18.00	92
整数论	2011—05	38.00	120
从整数谈起	2015—10	28.00	538
数与多项式	2016—01	38.00	558
谈谈不定方程	2011—05	28.00	119
解析不等式新论	2009—06	68.00	48
建立不等式的方法	2011—03	98.00	104
数学奥林匹克不等式研究	2009—08	68.00	56
不等式研究(第二辑)	2012—02	68.00	153
不等式的秘密(第一卷)	2012—02	28.00	154
不等式的秘密(第一卷)(第2版)	2014—02	38.00	286
不等式的秘密(第二卷)	2014—01	38.00	268
初等不等式的证明方法	2010—06	38.00	123
初等不等式的证明方法(第二版)	2014—11	38.00	407
不等式・理论・方法(基础卷)	2015—07	38.00	496
不等式・理论・方法(经典不等式卷)	2015—07	38.00	497
不等式・理论・方法(特殊类型不等式卷)	2015—07	48.00	498
不等式探究	2016—03	38.00	582
不等式探秘	2017—01	88.00	689
四面体不等式	2017—01	68.00	715
数学奥林匹克中常见重要不等式	2017—09	38.00	845
三正弦不等式	2018—09	98.00	974
同余理论	2012—05	38.00	163
$[x]$与$\{x\}$	2015—04	48.00	476
极值与最值.上卷	2015—06	28.00	486
极值与最值.中卷	2015—06	38.00	487
极值与最值.下卷	2015—06	28.00	488
整数的性质	2012—11	38.00	192
完全平方数及其应用	2015—08	78.00	506
多项式理论	2015—10	88.00	541
奇数、偶数、奇偶分析法	2018—01	98.00	876
不定方程及其应用.上	2018—12	58.00	992
不定方程及其应用.中	2019—01	78.00	993
不定方程及其应用.下	2019—02	98.00	994

刘培杰数学工作室
已出版(即将出版)图书目录——初等数学

书　　名	出版时间	定　价	编号
历届美国中学生数学竞赛试题及解答(第一卷)1950—1954	2014—07	18.00	277
历届美国中学生数学竞赛试题及解答(第二卷)1955—1959	2014—04	18.00	278
历届美国中学生数学竞赛试题及解答(第三卷)1960—1964	2014—06	18.00	279
历届美国中学生数学竞赛试题及解答(第四卷)1965—1969	2014—04	28.00	280
历届美国中学生数学竞赛试题及解答(第五卷)1970—1972	2014—06	18.00	281
历届美国中学生数学竞赛试题及解答(第六卷)1973—1980	2017—07	18.00	768
历届美国中学生数学竞赛试题及解答(第七卷)1981—1986	2015—01	18.00	424
历届美国中学生数学竞赛试题及解答(第八卷)1987—1990	2017—05	18.00	769
历届 IMO 试题集(1959—2005)	2006—05	58.00	5
历届 CMO 试题集	2008—09	28.00	40
历届中国数学奥林匹克试题集(第 2 版)	2017—03	38.00	757
历届加拿大数学奥林匹克试题集	2012—08	38.00	215
历届美国数学奥林匹克试题集:多解推广加强	2012—08	38.00	209
历届美国数学奥林匹克试题集:多解推广加强(第 2 版)	2016—03	48.00	592
历届波兰数学竞赛试题集.第 1 卷,1949～1963	2015—03	18.00	453
历届波兰数学竞赛试题集.第 2 卷,1964～1976	2015—03	18.00	454
历届巴尔干数学奥林匹克试题集	2015—05	38.00	466
保加利亚数学奥林匹克	2014—10	38.00	393
圣彼得堡数学奥林匹克试题集	2015—01	38.00	429
匈牙利奥林匹克数学竞赛题解.第 1 卷	2016—05	28.00	593
匈牙利奥林匹克数学竞赛题解.第 2 卷	2016—05	28.00	594
历届美国数学邀请赛试题集(第 2 版)	2017—10	78.00	851
全国高中数学竞赛试题及解答.第 1 卷	2014—07	38.00	331
普林斯顿大学数学竞赛	2016—06	38.00	669
亚太地区数学奥林匹克竞赛题	2015—07	18.00	492
日本历届(初级)广中杯数学竞赛试题及解答.第 1 卷(2000～2007)	2016—05	28.00	641
日本历届(初级)广中杯数学竞赛试题及解答.第 2 卷(2008～2015)	2016—05	38.00	642
360 个数学竞赛问题	2016—08	58.00	677
奥数最佳实战题.上卷	2017—06	38.00	760
奥数最佳实战题.下卷	2017—05	58.00	761
哈尔滨市早期中学数学竞赛试题汇编	2016—07	28.00	672
全国高中数学联赛试题及解答:1981—2017(第 2 版)	2018—05	98.00	920
20 世纪 50 年代全国部分城市数学竞赛试题汇编	2017—07	28.00	797
高中数学竞赛培训教程:平面几何问题的求解方法与策略.上	2018—05	68.00	906
高中数学竞赛培训教程:平面几何问题的求解方法与策略.下	2018—06	78.00	907
高中数学竞赛培训教程:整除与同余以及不定方程	2018—01	88.00	908
高中数学竞赛培训教程:组合计数与组合极值	2018—04	48.00	909
国内外数学竞赛题及精解:2016～2017	2018—07	45.00	922
许康华竞赛优学精选集.第一辑	2018—08	68.00	949
高考数学临门一脚(含密押三套卷)(理科版)	2017—01	45.00	743
高考数学临门一脚(含密押三套卷)(文科版)	2017—01	45.00	744
新课标高考数学题型全归纳(文科版)	2015—05	72.00	467
新课标高考数学题型全归纳(理科版)	2015—05	82.00	468
洞穿高考数学解答题核心考点(理科版)	2015—11	49.80	550
洞穿高考数学解答题核心考点(文科版)	2015—11	46.80	551

刘培杰数学工作室
已出版(即将出版)图书目录——初等数学

书　　名	出版时间	定　价	编号
高考数学题型全归纳:文科版.上	2016－05	53.00	663
高考数学题型全归纳:文科版.下	2016－05	53.00	664
高考数学题型全归纳:理科版.上	2016－05	58.00	665
高考数学题型全归纳:理科版.下	2016－05	58.00	666
王连笑教你怎样学数学:高考选择题解题策略与客观题实用训练	2014－01	48.00	262
王连笑教你怎样学数学:高考数学高层次讲座	2015－02	48.00	432
高考数学的理论与实践	2009－08	38.00	53
高考数学核心题型解题方法与技巧	2010－01	28.00	86
高考思维新平台	2014－03	38.00	259
30 分钟拿下高考数学选择题、填空题(理科版)	2016－10	39.80	720
30 分钟拿下高考数学选择题、填空题(文科版)	2016－10	39.80	721
高考数学压轴题解题诀窍(上)(第 2 版)	2018－01	58.00	874
高考数学压轴题解题诀窍(下)(第 2 版)	2018－01	48.00	875
北京市五区文科数学三年高考模拟题详解:2013～2015	2015－08	48.00	500
北京市五区理科数学三年高考模拟题详解:2013～2015	2015－09	68.00	505
向量法巧解数学高考题	2009－08	28.00	54
高考数学万能解题法(第 2 版)	即将出版	38.00	691
高考物理万能解题法(第 2 版)	即将出版	38.00	692
高考化学万能解题法(第 2 版)	即将出版	28.00	693
高考生物万能解题法(第 2 版)	即将出版	28.00	694
高考数学解题金典(第 2 版)	2017－01	78.00	716
高考物理解题金典(第 2 版)	即将出版	68.00	717
高考化学解题金典(第 2 版)	即将出版	58.00	718
我一定要赚分:高中物理	2016－01	38.00	580
数学高考参考	2016－01	78.00	589
2011～2015 年全国及各省市高考数学文科精品试题审题要津与解法研究	2015－10	68.00	539
2011～2015 年全国及各省市高考数学理科精品试题审题要津与解法研究	2015－10	88.00	540
最新全国及各省市高考数学试卷解法研究及点拨评析	2009－02	38.00	41
2011 年全国及各省市高考数学试题审题要津与解法研究	2011－10	48.00	139
2013 年全国及各省市高考数学试题解析与点评	2014－01	48.00	282
全国及各省市高考数学试题审题要津与解法研究	2015－02	48.00	450
新课标高考数学——五年试题分章详解(2007～2011)(上、下)	2011－10	78.00	140,141
全国中考数学压轴题审题要津与解法研究	2013－04	78.00	248
新编全国及各省市中考数学压轴题审题要津与解法研究	2014－05	58.00	342
全国及各省市 5 年中考数学压轴题审题要津与解法研究(2015 版)	2015－04	58.00	462
中考数学专题总复习	2007－04	28.00	6
中考数学较难题、难题常考题型解题方法与技巧.上	2016－01	48.00	584
中考数学较难题、难题常考题型解题方法与技巧.下	2016－01	58.00	585
中考数学较难题常考题型解题方法与技巧	2016－09	48.00	681
中考数学难题常考题型解题方法与技巧	2016－09	48.00	682
中考数学中档题常考题型解题方法与技巧	2017－08	68.00	835
中考数学选择填空压轴好题妙解 365	2017－05	38.00	759

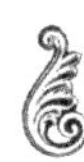

刘培杰数学工作室
已出版(即将出版)图书目录——初等数学

书　　名	出版时间	定　价	编号
中考数学小压轴汇编初讲	2017－07	48.00	788
中考数学大压轴专题微言	2017－09	48.00	846
北京中考数学压轴题解题方法突破(第4版)	2019－01	58.00	1001
助你高考成功的数学解题智慧:知识是智慧的基础	2016－01	58.00	596
助你高考成功的数学解题智慧:错误是智慧的试金石	2016－04	58.00	643
助你高考成功的数学解题智慧:方法是智慧的推手	2016－04	68.00	657
高考数学奇思妙解	2016－04	38.00	610
高考数学解题策略	2016－05	48.00	670
数学解题泄天机(第2版)	2017－10	48.00	850
高考物理压轴题全解	2017－04	48.00	746
高中物理经典问题25讲	2017－05	28.00	764
高中物理教学讲义	2018－01	48.00	871
2016年高考文科数学真题研究	2017－04	58.00	754
2016年高考理科数学真题研究	2017－04	78.00	755
初中数学、高中数学脱节知识补缺教材	2017－06	48.00	766
高考数学小题抢分必练	2017－10	48.00	834
高考数学核心素养解读	2017－09	38.00	839
高考数学客观题解题方法和技巧	2017－10	38.00	847
十年高考数学精品试题审题要津与解法研究.上卷	2018－01	68.00	872
十年高考数学精品试题审题要津与解法研究.下卷	2018－01	58.00	873
中国历届高考数学试题及解答.1949－1979	2018－01	38.00	877
历届中国高考数学试题及解答.第二卷,1980—1989	2018－10	28.00	975
历届中国高考数学试题及解答.第三卷,1990—1999	2018－10	48.00	976
数学文化与高考研究	2018－03	48.00	882
跟我学解高中数学题	2018－07	58.00	926
中学数学研究的方法及案例	2018－05	58.00	869
高考数学抢分技能	2018－07	68.00	934
高一新生常用数学方法和重要数学思想提升教材	2018－06	38.00	921
2018年高考数学真题研究	2019－01	68.00	1000

书　　名	出版时间	定　价	编号
新编640个世界著名数学智力趣题	2014－01	88.00	242
500个最新世界著名数学智力趣题	2008－06	48.00	3
400个最新世界著名数学最值问题	2008－09	48.00	36
500个世界著名数学征解问题	2009－06	48.00	52
400个中国最佳初等数学征解老问题	2010－01	48.00	60
500个俄罗斯数学经典老题	2011－01	28.00	81
1000个国外中学物理好题	2012－04	48.00	174
300个日本高考数学题	2012－05	38.00	142
700个早期日本高考数学试题	2017－02	88.00	752
500个前苏联早期高考数学试题及解答	2012－05	28.00	185
546个早期俄罗斯大学生数学竞赛题	2014－03	38.00	285
548个来自美苏的数学好问题	2014－11	28.00	396
20所苏联著名大学早期入学试题	2015－02	18.00	452
161道德国工科大学生必做的微分方程习题	2015－05	28.00	469
500个德国工科大学生必做的高数习题	2015－06	28.00	478
360个数学竞赛问题	2016－08	58.00	677
200个趣味数学故事	2018－02	48.00	857
470个数学奥林匹克中的最值问题	2018－10	88.00	985
德国讲义日本考题.微积分卷	2015－04	48.00	456
德国讲义日本考题.微分方程卷	2015－04	38.00	457
二十世纪中叶中、英、美、日、法、俄高考数学试题精选	2017－06	38.00	783

刘培杰数学工作室
已出版(即将出版)图书目录——初等数学

书　　名	出版时间	定　价	编号
中国初等数学研究　2009 卷(第 1 辑)	2009—05	20.00	45
中国初等数学研究　2010 卷(第 2 辑)	2010—05	30.00	68
中国初等数学研究　2011 卷(第 3 辑)	2011—07	60.00	127
中国初等数学研究　2012 卷(第 4 辑)	2012—07	48.00	190
中国初等数学研究　2014 卷(第 5 辑)	2014—02	48.00	288
中国初等数学研究　2015 卷(第 6 辑)	2015—06	68.00	493
中国初等数学研究　2016 卷(第 7 辑)	2016—04	68.00	609
中国初等数学研究　2017 卷(第 8 辑)	2017—01	98.00	712
几何变换(Ⅰ)	2014—07	28.00	353
几何变换(Ⅱ)	2015—06	28.00	354
几何变换(Ⅲ)	2015—01	38.00	355
几何变换(Ⅳ)	2015—12	38.00	356
初等数论难题集(第一卷)	2009—05	68.00	44
初等数论难题集(第二卷)(上、下)	2011—02	128.00	82,83
数论概貌	2011—03	18.00	93
代数数论(第二版)	2013—08	58.00	94
代数多项式	2014—06	38.00	289
初等数论的知识与问题	2011—02	28.00	95
超越数论基础	2011—03	28.00	96
数论初等教程	2011—03	28.00	97
数论基础	2011—03	18.00	98
数论基础与维诺格拉多夫	2014—03	18.00	292
解析数论基础	2012—08	28.00	216
解析数论基础(第二版)	2014—01	48.00	287
解析数论问题集(第二版)(原版引进)	2014—05	88.00	343
解析数论问题集(第二版)(中译本)	2016—04	88.00	607
解析数论基础(潘承洞,潘承彪著)	2016—07	98.00	673
解析数论导引	2016—07	58.00	674
数论入门	2011—03	38.00	99
代数数论入门	2015—03	38.00	448
数论开篇	2012—07	28.00	194
解析数论引论	2011—03	48.00	100
Barban Davenport Halberstam 均值和	2009—01	40.00	33
基础数论	2011—03	28.00	101
初等数论 100 例	2011—05	18.00	122
初等数论经典例题	2012—07	18.00	204
最新世界各国数学奥林匹克中的初等数论试题(上、下)	2012—01	138.00	144,145
初等数论(Ⅰ)	2012—01	18.00	156
初等数论(Ⅱ)	2012—01	18.00	157
初等数论(Ⅲ)	2012—01	28.00	158

刘培杰数学工作室
已出版(即将出版)图书目录——初等数学

书　　名	出版时间	定　价	编号
平面几何与数论中未解决的新老问题	2013-01	68.00	229
代数数论简史	2014-11	28.00	408
代数数论	2015-09	88.00	532
代数、数论及分析习题集	2016-11	98.00	695
数论导引提要及习题解答	2016-01	48.00	559
素数定理的初等证明.第2版	2016-09	48.00	686
数论中的模函数与狄利克雷级数(第二版)	2017-11	78.00	837
数论:数学导引	2018-01	68.00	849
数学精神巡礼	2019-01	58.00	731
数学眼光透视(第2版)	2017-06	78.00	732
数学思想领悟(第2版)	2018-01	68.00	733
数学方法溯源(第2版)	2018-08	68.00	734
数学解题引论	2017-05	58.00	735
数学史话览胜(第2版)	2017-01	48.00	736
数学应用展观(第2版)	2017-08	68.00	737
数学建模尝试	2018-04	48.00	738
数学竞赛采风	2018-01	68.00	739
数学技能操握	2018-03	48.00	741
数学欣赏拾趣	2018-02	48.00	742
从毕达哥拉斯到怀尔斯	2007-10	48.00	9
从迪利克雷到维斯卡尔迪	2008-01	48.00	21
从哥德巴赫到陈景润	2008-05	98.00	35
从庞加莱到佩雷尔曼	2011-08	138.00	136
博弈论精粹	2008-03	58.00	30
博弈论精粹.第二版(精装)	2015-01	88.00	461
数学 我爱你	2008-01	28.00	20
精神的圣徒　别样的人生——60位中国数学家成长的历程	2008-09	48.00	39
数学史概论	2009-06	78.00	50
数学史概论(精装)	2013-03	158.00	272
数学史选讲	2016-01	48.00	544
斐波那契数列	2010-02	28.00	65
数学拼盘和斐波那契魔方	2010-07	38.00	72
斐波那契数列欣赏(第2版)	2018-08	58.00	948
Fibonacci数列中的明珠	2018-06	58.00	928
数学的创造	2011-02	48.00	85
数学美与创造力	2016-01	48.00	595
数海拾贝	2016-01	48.00	590
数学中的美	2011-02	38.00	84
数论中的美学	2014-12	38.00	351

刘培杰数学工作室
已出版(即将出版)图书目录——初等数学

书　　名	出版时间	定　价	编号
数学王者　科学巨人——高斯	2015－01	28.00	428
振兴祖国数学的圆梦之旅:中国初等数学研究史话	2015－06	98.00	490
二十世纪中国数学史料研究	2015－10	48.00	536
数字谜、数阵图与棋盘覆盖	2016－01	58.00	298
时间的形状	2016－01	38.00	556
数学发现的艺术:数学探索中的合情推理	2016－07	58.00	671
活跃在数学中的参数	2016－07	48.00	675
数学解题——靠数学思想给力(上)	2011－07	38.00	131
数学解题——靠数学思想给力(中)	2011－07	48.00	132
数学解题——靠数学思想给力(下)	2011－07	38.00	133
我怎样解题	2013－01	48.00	227
数学解题中的物理方法	2011－06	28.00	114
数学解题的特殊方法	2011－06	48.00	115
中学数学计算技巧	2012－01	48.00	116
中学数学证明方法	2012－01	58.00	117
数学趣题巧解	2012－03	28.00	128
高中数学教学通鉴	2015－05	58.00	479
和高中生漫谈:数学与哲学的故事	2014－08	28.00	369
算术问题集	2017－03	38.00	789
张教授讲数学	2018－07	38.00	933
自主招生考试中的参数方程问题	2015－01	28.00	435
自主招生考试中的极坐标问题	2015－04	28.00	463
近年全国重点大学自主招生数学试题全解及研究.华约卷	2015－02	38.00	441
近年全国重点大学自主招生数学试题全解及研究.北约卷	2016－05	38.00	619
自主招生数学解证宝典	2015－09	48.00	535
格点和面积	2012－07	18.00	191
射影几何趣谈	2012－04	28.00	175
斯潘纳尔引理——从一道加拿大数学奥林匹克试题谈起	2014－01	28.00	228
李普希兹条件——从几道近年高考数学试题谈起	2012－10	18.00	221
拉格朗日中值定理——从一道北京高考试题的解法谈起	2015－10	18.00	197
闵科夫斯基定理——从一道清华大学自主招生试题谈起	2014－01	28.00	198
哈尔测度——从一道冬令营试题的背景谈起	2012－08	28.00	202
切比雪夫逼近问题——从一道中国台北数学奥林匹克试题谈起	2013－04	38.00	238
伯恩斯坦多项式与贝齐尔曲面——从一道全国高中数学联赛试题谈起	2013－03	38.00	236
卡塔兰猜想——从一道普特南竞赛试题谈起	2013－06	18.00	256
麦卡锡函数和阿克曼函数——从一道前南斯拉夫数学奥林匹克试题谈起	2012－08	18.00	201
贝蒂定理与拉姆贝克莫斯尔定理——从一个拣石子游戏谈起	2012－08	18.00	217
皮亚诺曲线和豪斯道夫分球定理——从无限集谈起	2012－08	18.00	211
平面凸图形与凸多面体	2012－10	28.00	218
斯坦因豪斯问题——从一道二十五省市自治区中学数学竞赛试题谈起	2012－07	18.00	196

刘培杰数学工作室
已出版(即将出版)图书目录——初等数学

书　名	出版时间	定　价	编号
纽结理论中的亚历山大多项式与琼斯多项式——从一道北京市高一数学竞赛试题谈起	2012—07	28.00	195
原则与策略——从波利亚"解题表"谈起	2013—04	38.00	244
转化与化归——从三大尺规作图不能问题谈起	2012—08	28.00	214
代数几何中的贝祖定理(第一版)——从一道 IMO 试题的解法谈起	2013—08	18.00	193
成功连贯理论与约当块理论——从一道比利时数学竞赛试题谈起	2012—04	18.00	180
素数判定与大数分解	2014—08	18.00	199
置换多项式及其应用	2012—10	18.00	220
椭圆函数与模函数——从一道美国加州大学洛杉矶分校(UCLA)博士资格考题谈起	2012—10	28.00	219
差分方程的拉格朗日方法——从一道 2011 年全国高考理科试题的解法谈起	2012—08	28.00	200
力学在几何中的一些应用	2013—01	38.00	240
高斯散度定理、斯托克斯定理和平面格林定理——从一道国际大学生数学竞赛试题谈起	即将出版		
康托洛维奇不等式——从一道全国高中联赛试题谈起	2013—03	28.00	337
西格尔引理——从一道第 18 届 IMO 试题的解法谈起	即将出版		
罗斯定理——从一道前苏联数学竞赛试题谈起	即将出版		
拉克斯定理和阿廷定理——从一道 IMO 试题的解法谈起	2014—01	58.00	246
毕卡大定理——从一道美国大学数学竞赛试题谈起	2014—07	18.00	350
贝齐尔曲线——从一道全国高中联赛试题谈起	即将出版		
拉格朗日乘子定理——从一道 2005 年全国高中联赛试题的高等数学解法谈起	2015—05	28.00	480
雅可比定理——从一道日本数学奥林匹克试题谈起	2013—04	48.00	249
李天岩一约克定理——从一道波兰数学竞赛试题谈起	2014—06	28.00	349
整系数多项式因式分解的一般方法——从克朗耐克算法谈起	即将出版		
布劳维不动点定理——从一道前苏联数学奥林匹克试题谈起	2014—01	38.00	273
伯恩赛德定理——从一道英国数学奥林匹克试题谈起	即将出版		
布查特一莫斯特定理——从一道上海市初中竞赛试题谈起	即将出版		
数论中的同余数问题——从一道普特南竞赛试题谈起	即将出版		
范・德蒙行列式——从一道美国数学奥林匹克试题谈起	即将出版		
中国剩余定理:总数法构建中国历史年表	2015—01	28.00	430
牛顿程序与方程求根——从一道全国高考试题解法谈起	即将出版		
库默尔定理——从一道 IMO 预选试题谈起	即将出版		
卢丁定理——从一道冬令营试题的解法谈起	即将出版		
沃斯滕霍姆定理——从一道 IMO 预选试题谈起	即将出版		
卡尔松不等式——从一道莫斯科数学奥林匹克试题谈起	即将出版		
信息论中的香农熵——从一道近年高考压轴题谈起	即将出版		
约当不等式——从一道希望杯竞赛试题谈起	即将出版		
拉比诺维奇定理	即将出版		
刘维尔定理——从一道《美国数学月刊》征解问题的解法谈起	即将出版		
卡塔兰恒等式与级数求和——从一道 IMO 试题的解法谈起	即将出版		
勒让德猜想与素数分布——从一道爱尔兰竞赛试题谈起	即将出版		
天平称重与信息论——从一道基辅市数学奥林匹克试题谈起	即将出版		
哈密尔顿一凯莱定理:从一道高中数学联赛试题的解法谈起	2014—09	18.00	376
艾思特曼定理——从一道 CMO 试题的解法谈起	即将出版		

刘培杰数学工作室
已出版(即将出版)图书目录——初等数学

书　　名	出版时间	定　价	编号
阿贝尔恒等式与经典不等式及应用	2018—06	98.00	923
迪利克雷除数问题	2018—07	48.00	930
贝克码与编码理论——从一道全国高中联赛试题谈起	即将出版		
帕斯卡三角形	2014—03	18.00	294
蒲丰投针问题——从 2009 年清华大学的一道自主招生试题谈起	2014—01	38.00	295
斯图姆定理——从一道“华约”自主招生试题的解法谈起	2014—01	18.00	296
许瓦兹引理——从一道加利福尼亚大学伯克利分校数学系博士生试题谈起	2014—08	18.00	297
拉姆塞定理——从王诗宬院士的一个问题谈起	2016—04	48.00	299
坐标法	2013—12	28.00	332
数论三角形	2014—04	38.00	341
毕克定理	2014—07	18.00	352
数林掠影	2014—09	48.00	389
我们周围的概率	2014—10	38.00	390
凸函数最值定理:从一道华约自主招生题的解法谈起	2014—10	28.00	391
易学与数学奥林匹克	2014—10	38.00	392
生物数学趣谈	2015—01	18.00	409
反演	2015—01	28.00	420
因式分解与圆锥曲线	2015—01	18.00	426
轨迹	2015—01	28.00	427
面积原理:从常庚哲命的一道 CMO 试题的积分解法谈起	2015—01	48.00	431
形形色色的不动点定理:从一道 28 届 IMO 试题谈起	2015—01	38.00	439
柯西函数方程:从一道上海交大自主招生的试题谈起	2015—02	28.00	440
三角恒等式	2015—02	28.00	442
无理性判定:从一道 2014 年“北约”自主招生试题谈起	2015—01	38.00	443
数学归纳法	2015—03	18.00	451
极端原理与解题	2015—04	28.00	464
法雷级数	2014—08	18.00	367
摆线族	2015—01	38.00	438
函数方程及其解法	2015—05	38.00	470
含参数的方程和不等式	2012—09	28.00	213
希尔伯特第十问题	2016—01	38.00	543
无穷小量的求和	2016—01	28.00	545
切比雪夫多项式:从一道清华大学金秋营试题谈起	2016—01	38.00	583
泽肯多夫定理	2016—03	38.00	599
代数等式证题法	2016—01	28.00	600
三角等式证题法	2016—01	28.00	601
吴大任教授藏书中的一个因式分解公式:从一道美国数学邀请赛试题的解法谈起	2016—06	28.00	656
易卦——类万物的数学模型	2017—08	68.00	838
“不可思议”的数与数系可持续发展	2018—01	38.00	878
最短线	2018—01	38.00	879

书　　名	出版时间	定　价	编号
幻方和魔方(第一卷)	2012—05	68.00	173
尘封的经典——初等数学经典文献选读(第一卷)	2012—07	48.00	205
尘封的经典——初等数学经典文献选读(第二卷)	2012—07	38.00	206

书　　名	出版时间	定　价	编号
初级方程式论	2011—03	28.00	106
初等数学研究(Ⅰ)	2008—09	68.00	37
初等数学研究(Ⅱ)(上、下)	2009—05	118.00	46,47

刘培杰数学工作室
已出版(即将出版)图书目录——初等数学

书名	出版时间	定价	编号
趣味初等方程妙题集锦	2014－09	48.00	388
趣味初等数论选美与欣赏	2015－02	48.00	445
耕读笔记(上卷):一位农民数学爱好者的初数探索	2015－04	28.00	459
耕读笔记(中卷):一位农民数学爱好者的初数探索	2015－05	28.00	483
耕读笔记(下卷):一位农民数学爱好者的初数探索	2015－05	28.00	484
几何不等式研究与欣赏.上卷	2016－01	88.00	547
几何不等式研究与欣赏.下卷	2016－01	48.00	552
初等数列研究与欣赏·上	2016－01	48.00	570
初等数列研究与欣赏·下	2016－01	48.00	571
趣味初等函数研究与欣赏.上	2016－09	48.00	684
趣味初等函数研究与欣赏.下	2018－09	48.00	685
火柴游戏	2016－05	38.00	612
智力解谜.第1卷	2017－07	38.00	613
智力解谜.第2卷	2017－07	38.00	614
故事智力	2016－07	48.00	615
名人们喜欢的智力问题	即将出版		616
数学大师的发现、创造与失误	2018－01	48.00	617
异曲同工	2018－09	48.00	618
数学的味道	2018－01	58.00	798
数学千字文	2018－10	68.00	977
数贝偶拾——高考数学题研究	2014－04	28.00	274
数贝偶拾——初等数学研究	2014－04	38.00	275
数贝偶拾——奥数题研究	2014－04	48.00	276
钱昌本教你快乐学数学(上)	2011－12	48.00	155
钱昌本教你快乐学数学(下)	2012－03	58.00	171
集合、函数与方程	2014－01	28.00	300
数列与不等式	2014－01	38.00	301
三角与平面向量	2014－01	28.00	302
平面解析几何	2014－01	38.00	303
立体几何与组合	2014－01	28.00	304
极限与导数、数学归纳法	2014－01	38.00	305
趣味数学	2014－03	28.00	306
教材教法	2014－04	68.00	307
自主招生	2014－05	58.00	308
高考压轴题(上)	2015－01	48.00	309
高考压轴题(下)	2014－10	68.00	310
从费马到怀尔斯——费马大定理的历史	2013－10	198.00	Ⅰ
从庞加莱到佩雷尔曼——庞加莱猜想的历史	2013－10	298.00	Ⅱ
从切比雪夫到爱尔特希(上)——素数定理的初等证明	2013－07	48.00	Ⅲ
从切比雪夫到爱尔特希(下)——素数定理100年	2012－12	98.00	Ⅲ
从高斯到盖尔方特——二次域的高斯猜想	2013－10	198.00	Ⅳ
从库默尔到朗兰兹——朗兰兹猜想的历史	2014－01	98.00	Ⅴ
从比勃巴赫到德布朗斯——比勃巴赫猜想的历史	2014－02	298.00	Ⅵ
从麦比乌斯到陈省身——麦比乌斯变换与麦比乌斯带	2014－02	298.00	Ⅶ
从布尔到豪斯道夫——布尔方程与格论漫谈	2013－10	198.00	Ⅷ
从开普勒到阿诺德——三体问题的历史	2014－05	298.00	Ⅸ
从华林到华罗庚——华林问题的历史	2013－10	298.00	Ⅹ

刘培杰数学工作室
已出版(即将出版)图书目录——初等数学

书 名	出版时间	定 价	编号
美国高中数学竞赛五十讲.第1卷(英文)	2014-08	28.00	357
美国高中数学竞赛五十讲.第2卷(英文)	2014-08	28.00	358
美国高中数学竞赛五十讲.第3卷(英文)	2014-09	28.00	359
美国高中数学竞赛五十讲.第4卷(英文)	2014-09	28.00	360
美国高中数学竞赛五十讲.第5卷(英文)	2014-10	28.00	361
美国高中数学竞赛五十讲.第6卷(英文)	2014-11	28.00	362
美国高中数学竞赛五十讲.第7卷(英文)	2014-12	28.00	363
美国高中数学竞赛五十讲.第8卷(英文)	2015-01	28.00	364
美国高中数学竞赛五十讲.第9卷(英文)	2015-01	28.00	365
美国高中数学竞赛五十讲.第10卷(英文)	2015-02	38.00	366

书 名	出版时间	定 价	编号
三角函数(第2版)	2017-04	38.00	626
不等式	2014-01	38.00	312
数列	2014-01	38.00	313
方程(第2版)	2017-04	38.00	624
排列和组合	2014-01	28.00	315
极限与导数(第2版)	2016-04	38.00	635
向量(第2版)	2018-08	58.00	627
复数及其应用	2014-08	28.00	318
函数	2014-01	38.00	319
集合	即将出版		320
直线与平面	2014-01	28.00	321
立体几何(第2版)	2016-04	38.00	629
解三角形	即将出版		323
直线与圆(第2版)	2016-11	38.00	631
圆锥曲线(第2版)	2016-09	48.00	632
解题通法(一)	2014-07	38.00	326
解题通法(二)	2014-07	38.00	327
解题通法(三)	2014-05	38.00	328
概率与统计	2014-01	28.00	329
信息迁移与算法	即将出版		330

书 名	出版时间	定 价	编号
IMO 50年.第1卷(1959-1963)	2014-11	28.00	377
IMO 50年.第2卷(1964-1968)	2014-11	28.00	378
IMO 50年.第3卷(1969-1973)	2014-09	28.00	379
IMO 50年.第4卷(1974-1978)	2016-04	38.00	380
IMO 50年.第5卷(1979-1984)	2015-04	38.00	381
IMO 50年.第6卷(1985-1989)	2015-04	58.00	382
IMO 50年.第7卷(1990-1994)	2016-01	48.00	383
IMO 50年.第8卷(1995-1999)	2016-06	38.00	384
IMO 50年.第9卷(2000-2004)	2015-04	58.00	385
IMO 50年.第10卷(2005-2009)	2016-01	48.00	386
IMO 50年.第11卷(2010-2015)	2017-03	48.00	646

刘培杰数学工作室
已出版(即将出版)图书目录——初等数学

书　　名	出版时间	定　价	编号
数学反思(2007—2008)	即将出版		915
数学反思(2008—2009)	2019—01	68.00	917
数学反思(2010—2011)	2018—05	58.00	916
数学反思(2012—2013)	2019—01	58.00	918
数学反思(2014—2015)	即将出版		919
历届美国大学生数学竞赛试题集.第一卷(1938—1949)	2015—01	28.00	397
历届美国大学生数学竞赛试题集.第二卷(1950—1959)	2015—01	28.00	398
历届美国大学生数学竞赛试题集.第三卷(1960—1969)	2015—01	28.00	399
历届美国大学生数学竞赛试题集.第四卷(1970—1979)	2015—01	18.00	400
历届美国大学生数学竞赛试题集.第五卷(1980—1989)	2015—01	28.00	401
历届美国大学生数学竞赛试题集.第六卷(1990—1999)	2015—01	28.00	402
历届美国大学生数学竞赛试题集.第七卷(2000—2009)	2015—08	18.00	403
历届美国大学生数学竞赛试题集.第八卷(2010—2012)	2015—01	18.00	404
新课标高考数学创新题解题诀窍:总论	2014—09	28.00	372
新课标高考数学创新题解题诀窍:必修1～5分册	2014—08	38.00	373
新课标高考数学创新题解题诀窍:选修2—1,2—2,1—1,1—2分册	2014—09	38.00	374
新课标高考数学创新题解题诀窍:选修2—3,4—4,4—5分册	2014—09	18.00	375
全国重点大学自主招生英文数学试题全攻略:词汇卷	2015—07	48.00	410
全国重点大学自主招生英文数学试题全攻略:概念卷	2015—01	28.00	411
全国重点大学自主招生英文数学试题全攻略:文章选读卷(上)	2016—09	38.00	412
全国重点大学自主招生英文数学试题全攻略:文章选读卷(下)	2017—01	58.00	413
全国重点大学自主招生英文数学试题全攻略:试题卷	2015—07	38.00	414
全国重点大学自主招生英文数学试题全攻略:名著欣赏卷	2017—03	48.00	415
劳埃德数学趣题大全.题目卷.1:英文	2016—01	18.00	516
劳埃德数学趣题大全.题目卷.2:英文	2016—01	18.00	517
劳埃德数学趣题大全.题目卷.3:英文	2016—01	18.00	518
劳埃德数学趣题大全.题目卷.4:英文	2016—01	18.00	519
劳埃德数学趣题大全.题目卷.5:英文	2016—01	18.00	520
劳埃德数学趣题大全.答案卷:英文	2016—01	18.00	521
李成章教练奥数笔记.第1卷	2016—01	48.00	522
李成章教练奥数笔记.第2卷	2016—01	48.00	523
李成章教练奥数笔记.第3卷	2016—01	38.00	524
李成章教练奥数笔记.第4卷	2016—01	38.00	525
李成章教练奥数笔记.第5卷	2016—01	38.00	526
李成章教练奥数笔记.第6卷	2016—01	38.00	527
李成章教练奥数笔记.第7卷	2016—01	38.00	528
李成章教练奥数笔记.第8卷	2016—01	48.00	529
李成章教练奥数笔记.第9卷	2016—01	28.00	530

刘培杰数学工作室
已出版(即将出版)图书目录——初等数学

书　　名	出版时间	定　价	编号
第19～23届"希望杯"全国数学邀请赛试题审题要津详细评注(初一版)	2014—03	28.00	333
第19～23届"希望杯"全国数学邀请赛试题审题要津详细评注(初二、初三版)	2014—03	38.00	334
第19～23届"希望杯"全国数学邀请赛试题审题要津详细评注(高一版)	2014—03	28.00	335
第19～23届"希望杯"全国数学邀请赛试题审题要津详细评注(高二版)	2014—03	38.00	336
第19～25届"希望杯"全国数学邀请赛试题审题要津详细评注(初一版)	2015—01	38.00	416
第19～25届"希望杯"全国数学邀请赛试题审题要津详细评注(初二、初三版)	2015—01	58.00	417
第19～25届"希望杯"全国数学邀请赛试题审题要津详细评注(高一版)	2015—01	48.00	418
第19～25届"希望杯"全国数学邀请赛试题审题要津详细评注(高二版)	2015—01	48.00	419
物理奥林匹克竞赛大题典——力学卷	2014—11	48.00	405
物理奥林匹克竞赛大题典——热学卷	2014—04	28.00	339
物理奥林匹克竞赛大题典——电磁学卷	2015—07	48.00	406
物理奥林匹克竞赛大题典——光学与近代物理卷	2014—06	28.00	345
历届中国东南地区数学奥林匹克试题集(2004～2012)	2014—06	18.00	346
历届中国西部地区数学奥林匹克试题集(2001～2012)	2014—07	18.00	347
历届中国女子数学奥林匹克试题集(2002～2012)	2014—08	18.00	348
数学奥林匹克在中国	2014—06	98.00	344
数学奥林匹克问题集	2014—01	38.00	267
数学奥林匹克不等式散论	2010—06	38.00	124
数学奥林匹克不等式欣赏	2011—09	38.00	138
数学奥林匹克超级题库(初中卷上)	2010—01	58.00	66
数学奥林匹克不等式证明方法和技巧(上、下)	2011—08	158.00	134,135
他们学什么:原民主德国中学数学课本	2016—09	38.00	658
他们学什么:英国中学数学课本	2016—09	38.00	659
他们学什么:法国中学数学课本.1	2016—09	38.00	660
他们学什么:法国中学数学课本.2	2016—09	28.00	661
他们学什么:法国中学数学课本.3	2016—09	38.00	662
他们学什么:苏联中学数学课本	2016—09	28.00	679
高中数学题典——集合与简易逻辑·函数	2016—07	48.00	647
高中数学题典——导数	2016—07	48.00	648
高中数学题典——三角函数·平面向量	2016—07	48.00	649
高中数学题典——数列	2016—07	58.00	650
高中数学题典——不等式·推理与证明	2016—07	38.00	651
高中数学题典——立体几何	2016—07	48.00	652
高中数学题典——平面解析几何	2016—07	78.00	653
高中数学题典——计数原理·统计·概率·复数	2016—07	48.00	654
高中数学题典——算法·平面几何·初等数论·组合数学·其他	2016—07	68.00	655

刘培杰数学工作室
已出版(即将出版)图书目录——初等数学

书　　名	出版时间	定　价	编号
台湾地区奥林匹克数学竞赛试题.小学一年级	2017—03	38.00	722
台湾地区奥林匹克数学竞赛试题.小学二年级	2017—03	38.00	723
台湾地区奥林匹克数学竞赛试题.小学三年级	2017—03	38.00	724
台湾地区奥林匹克数学竞赛试题.小学四年级	2017—03	38.00	725
台湾地区奥林匹克数学竞赛试题.小学五年级	2017—03	38.00	726
台湾地区奥林匹克数学竞赛试题.小学六年级	2017—03	38.00	727
台湾地区奥林匹克数学竞赛试题.初中一年级	2017—03	38.00	728
台湾地区奥林匹克数学竞赛试题.初中二年级	2017—03	38.00	729
台湾地区奥林匹克数学竞赛试题.初中三年级	2017—03	28.00	730
不等式证题法	2017—04	28.00	747
平面几何培优教程	即将出版		748
奥数鼎级培优教程.高一分册	2018—09	88.00	749
奥数鼎级培优教程.高二分册.上	2018—04	68.00	750
奥数鼎级培优教程.高二分册.下	2018—04	68.00	751
高中数学竞赛冲刺宝典	即将出版		883
初中尖子生数学超级题典.实数	2017—07	58.00	792
初中尖子生数学超级题典.式、方程与不等式	2017—08	58.00	793
初中尖子生数学超级题典.圆、面积	2017—08	38.00	794
初中尖子生数学超级题典.函数、逻辑推理	2017—08	48.00	795
初中尖子生数学超级题典.角、线段、三角形与多边形	2017—07	58.00	796
数学王子——高斯	2018—01	48.00	858
坎坷奇星——阿贝尔	2018—01	48.00	859
闪烁奇星——伽罗瓦	2018—01	58.00	860
无穷统帅——康托尔	2018—01	48.00	861
科学公主——柯瓦列夫斯卡娅	2018—01	48.00	862
抽象代数之母——埃米·诺特	2018—01	48.00	863
电脑先驱——图灵	2018—01	58.00	864
昔日神童——维纳	2018—01	48.00	865
数坛怪侠——爱尔特希	2018—01	68.00	866
当代世界中的数学.数学思想与数学基础	2019—01	38.00	892
当代世界中的数学.数学问题	2019—01	38.00	893
当代世界中的数学.应用数学与数学应用	2019—01	38.00	894
当代世界中的数学.数学王国的新疆域(一)	2019—01	38.00	895
当代世界中的数学.数学王国的新疆域(二)	2019—01	38.00	896
当代世界中的数学.数林撷英(一)	2019—01	38.00	897
当代世界中的数学.数林撷英(二)	2019—01	48.00	898
当代世界中的数学.数学之路	2019—01	38.00	899

刘培杰数学工作室
已出版(即将出版)图书目录——初等数学

书　　名	出版时间	定　价	编号
105 个代数问题:来自 AwesomeMath 夏季课程	2019－02	58.00	956
106 个几何问题:来自 AwesomeMath 夏季课程	即将出版		957
107 个几何问题:来自 AwesomeMath 全年课程	即将出版		958
108 个代数问题:来自 AwesomeMath 全年课程	2019－01	68.00	959
109 个不等式:来自 AwesomeMath 夏季课程	即将出版		960
国际数学奥林匹克中的 110 个几何问题	即将出版		961
111 个代数和数论问题	即将出版		962
112 个组合问题:来自 AwesomeMath 夏季课程	即将出版		963
113 个几何不等式:来自 AwesomeMath 夏季课程	即将出版		964
114 个指数和对数问题:来自 AwesomeMath 夏季课程	即将出版		965
115 个三角问题:来自 AwesomeMath 夏季课程	即将出版		966
116 个代数不等式:来自 AwesomeMath 全年课程	即将出版		967
紫色慧星国际数学竞赛试题	2019－02	58.00	999
澳大利亚中学数学竞赛试题及解答(初级卷)1978～1984	2019－02	28.00	1002
澳大利亚中学数学竞赛试题及解答(初级卷)1985～1991	2019－02	28.00	1003
澳大利亚中学数学竞赛试题及解答(初级卷)1992～1998	2019－02	28.00	1004
澳大利亚中学数学竞赛试题及解答(初级卷)1999～2005	2019－02	28.00	1005
澳大利亚中学数学竞赛试题及解答(中级卷)1978～1984	即将出版		1006
澳大利亚中学数学竞赛试题及解答(中级卷)1985～1991	即将出版		1007
澳大利亚中学数学竞赛试题及解答(中级卷)1992～1998	即将出版		1008
澳大利亚中学数学竞赛试题及解答(中级卷)1999～2005	即将出版		1009
澳大利亚中学数学竞赛试题及解答(高级卷)1978～1984	即将出版		1010
澳大利亚中学数学竞赛试题及解答(高级卷)1985～1991	即将出版		1011
澳大利亚中学数学竞赛试题及解答(高级卷)1992～1998	即将出版		1012
澳大利亚中学数学竞赛试题及解答(高级卷)1999～2005	即将出版		1013

联系地址:哈尔滨市南岗区复华四道街 10 号　哈尔滨工业大学出版社刘培杰数学工作室
网　　址:http://lpj.hit.edu.cn/
邮　　编:150006
联系电话:0451－86281378　　13904613167
E-mail:lpj1378@163.com